Hans H. Hinterhuber

Die 5 Gebote für exzellente Führung

Hans H. Hinterhuber

Die 5 Gebote für exzellente Führung

Wie Ihr Unternehmen in guten und in schlechten Zeiten
zu den Gewinnern zählt

Frankfurter Allgemeine Buch

Bibliografische Information Der Deutschen Nationalbibliothek –
Die Deutsche Nationalbibliothek verzeichnet diese Publikation in der
Deutschen Nationalbiografie; detailliertere bibliografische
Daten sind im Internet über http://dnb.ddb.de abrufbar.

Hans H. Hinterhuber

Die 5 Gebote für exzellente Führung

Wie Ihr Unternehmen in guten und in schlechten Zeiten
zu den Gewinnern zählt

F.A.Z.-Institut für Management-,
Markt- und Medieninformationen GmbH

Frankfurt am Main 2010

ISBN 978-3-89981-228-2

Frankfurter Allgemeine Buch

Copyright F.A.Z.-Institut für Management-, Markt-
und Medieninformationen GmbH
Mainzer Landstraße 199
60326 Frankfurt am Main

Satz Umschlag F.A.Z.-Marketing/Grafik
Satz Innen Ernst Bernsmann
Druck CPI Moravia Books, Pohorelice

Printed in EU

Inhalt

Vorwort

*„Leadership ist eines der am meisten beobachteten
und am wenigsten verstandenen Phänomene."*
James McGregor Burns

Wenn ein Unternehmen in wirtschaftlich schwierigen Zeiten
den Kunden einen Mehrwert bieten und durch engagierte Mitarbeiter seinen Wert steigern will, muss es Altes konsequent
überprüfen, eingefahrene Gleise aufbrechen, vieles anders,
besser, schneller oder vielfältiger machen und Barrieren zwischen den Individuen, Verantwortungsebenen, Geschäftseinheiten, Funktionsbereichen und regionalen Einheiten auflö-
sen. Es geht – mit anderen Worten – weniger darum, schneller
als die Konkurrenten Arbeitsplätze wegzurationalisieren und
Produktionen in Niedriglohnländer zu verlagern, sondern vielmehr darum, alle Kräfte im Unternehmen zu mobilisieren und
Strategien zu entwickeln, die die Produktivität erhöhen und
zukünftige Entwicklungen einleiten.

Unternehmen können das auf vierfache Weise tun: sie können
auf die neuen Entwicklungen reagieren oder diese proaktiv vor-
wegnehmen und dabei taktisch oder strategisch vorgehen. Durch
die Kombination der beiden Dimensionen lassen sich vier Typen
unternehmerischer Veränderungsprozesse unterscheiden:

1. *Reaktive Anpassung,* wenn der Veränderungsprozess tak- Reaktive
tisch und reaktiv ist, wenn er also nur Teilbereiche des Unter- Anpassung
nehmens betrifft und Bestehendes weiterentwickelt. Das
Unternehmen reagiert mit taktischen Maßnahmen auf die ver-
änderten Rahmenbedingungen.

2. *Proaktive Anpassung,* wenn in Vorwegnahme sich wandeln- Proaktive
der Rahmenbedingungen Teilbereiche des Unternehmens ver- Anpassung
ändert werden. Wie bei der reaktiven Anpassung bewegt sich
die Veränderung im bisherigen organisationalen Kontext und

9

beschränkt sich auf die Verbesserung bestehender Strategien, Strukturen, Prozesse oder Technologien.

Neuorientierung 3. Die *Neuorientierung* ist eine strategisch ausgerichtete proaktive Veränderung von Strategie und Funktionsweise des Unternehmens, die alle Funktionsbereiche und regionalen Einheiten umfasst. Das Ziel ist die Erhaltung der Wettbewerbsfähigkeit und die nachhaltige Wertsteigerung des Unternehmens.

Neuschöpfung 4. Im Falle der *Neuschöpfung* ist der Druck der extern induzierten Probleme so groß, dass der zum Überleben notwendige strategische Veränderungsprozess dramatische, für die Betroffenen oft auch schmerzliche Formen annimmt und einen radikalen Bruch mit der Vergangenheit erfordert. „Kreative Zerstörung" ist hier die Voraussetzung und der Weg zugleich zu einer Neuschöpfung des Unternehmens. Innovative Unternehmer und Führungskräfte sind ihrer Anlage nach Zerstörer. Wer vernichtet, verhilft zwangsläufig Neuem zum Entstehen. Je turbulenter die Umwelt ist und je unschärfer sich Prognosen formulieren lassen, desto mehr sind Unternehmen zu einem reaktiven, strategischen Verhalten gezwungen.

Die neuen Wettbewerbsbedingungen führen dazu, dass sich immer mehr Unternehmen einem Veränderungsprozess des Typs der Neuorientierung oder der Neuschöpfung unterwerfen müssen. Gegenstand des Buches sind vor allem die strategisch ausgerichteten Prozesse der Neuorientierung und Neuschöpfung des Unternehmens in turbulenten Zeiten.

Das Buch zeigt, dass Unternehmen unter schwierigsten Rahmenbedingungen und in Märkten, deren Attraktivität dramatisch zurückgegangen ist, ihr Überleben sichern und erfolgreich in die Zukunft geführt werden können, wenn fünf Voraussetzungen gegeben sind (Abbildung 1a und 1b):

Die fünf Voraussetzungen für nachhaltigen Erfolg
• eine exzellente Führung,
• eine gute Strategie,
• taktische Maßnahmen mit rasch spürbaren Wirkungen,
• die richtigen Mitarbeiter und
• Glück.

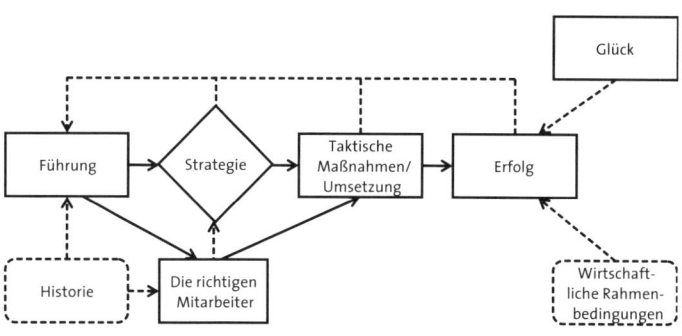

Abbildung 1a: Die Determinanten des unternehmerischen Erfolges.

Diese fünf Voraussetzungen sind wichtiger als die wirtschaftlichen Rahmenbedingungen und die Attraktivität der Märkte, in denen die Unternehmen operieren; persönliche Erfahrungen, Interviews mit herausragenden Unternehmern und Führungskräften sowie unser Forschungsprojekt zu Best Practices zeigen, dass diese fünf Voraussetzungen zu etwa 80 Prozent den nachhaltigen Erfolg eines Unternehmens bestimmen, die wirtschaftlichen Rahmenbedingungen hingegen nur mit etwa 20 Prozent zum nachhaltigen Erfolg beitragen.

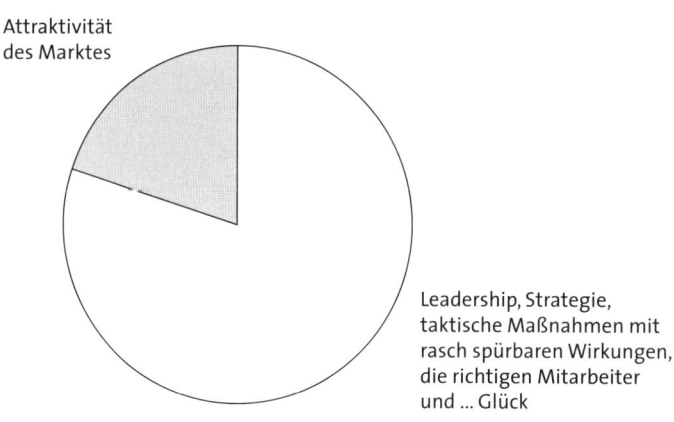

Abbildung 1b: Leadership, Strategie, taktische Maßnahmen mit rasch spürbaren Wirkungen, die richtigen Mitarbeiter und Glück beeinflussen das Unternehmensergebnis mehr als andere Faktoren wie z.B. Marktattraktivität.

Die *Kernbotschaft* des Buches lautet: Eine exzellente Führung, eine gute Strategie, taktische Maßnahmen mit rasch spürbaren Wirkungen, die richtigen Mitarbeiter und Glück sichern das Überleben des Unternehmens, machen es langfristig stärker und fügen es in eine Perspektive des Gemeinwohls ein, die über das Unternehmen hinausreicht. Je größer die Summe aus diesen fünf Faktoren in einem Unternehmen ist, desto erfolgreicher ist es; je erfolgreicher das Unternehmen nachhaltig ist, desto mehr Nutzen hat der Einzelne in Form von Arbeitsplatzsicherheit, Beschäftigungsfähigkeit und Entwicklungsmöglichkeiten; je mehr Nutzen der Einzelne hat, desto größer sind der Wohlstand und der soziale Friede in einer Gesellschaft.

Das Buch wendet sich an Unternehmer und unternehmerisch denkende und handelnde Führungskräfte. Es ist für alle gedacht, die unternehmerisch auf dem Weg sind und die innerlich weiter wachsen wollen. Ein Unternehmer ist, so Nicolas G. Hayek, Präsident und Delegierter des Verwaltungsrates der Swatch Group AG, nicht nur der Inhaber eines Unternehmens, der sein Kapital riskiert; ein Unternehmer ist der, dessen Geisteshaltung und Einstellung alle unternehmerischen Eigenschaften umfasst. Unternehmer sein ist eine Lebensform. Jeder kann nach dieser Lebensform denken und handeln, jeder kann eine unternehmerische Mentalität haben, sei er ein Professor, ein Projektmanager, ein Beamter, Philosoph oder Abteilungsleiter – wenn er es will und die Situation es verlangt.

Mit der Kernbotschaft ist ein *Appell* an Unternehmer und Führungskräfte verbunden, mehr Mitarbeiter als heute zu Mitunternehmern und Führenden mit unternehmerischer Geisteshaltung zu machen. Je mehr Mitarbeiter unternehmerisch denken und handeln, desto besser kann das Unternehmen das Unerwartete, nicht Vorhersehbare erfolgreich und effizient zum Wohl der strategischen Stakeholder und der Allgemeinheit meistern.

Der erste Abschnitt geht von der Tatsache aus, dass wir nicht andere Ergebnisse erwarten können, wenn wir die gleichen Dinge tun wie bisher. Es wird gezeigt, dass für nachhaltigen Erfolg Leadership/unternehmerisches Verhalten wichtiger als Management ist.

Die Frage, ob ein Unternehmen eine charismatische Führungspersönlichkeit an der Spitze braucht, wird negativ beantwortet. Die narzisstische Führungspersönlichkeit ist ein Risiko
für das Unternehmen. Eine Selbstbeurteilungs-Übung erlaubt
es, festzustellen, ob ein Führender mehr ein Leader/Unterneh-
mer oder Manager ist. Mit Hilfe einer weiteren Selbstbeurteilungs-Übung können Unternehmer und Führungskräfte ihre
strategische Führungskompetenz messen und entsprechende
Schlüsse ziehen.

Der *zweite Abschnitt* bringt die Ergebnisse eines großangeleg-
ten Forschungsprojektes zu Best Practices und zeigt, wie sich
gute von schlechten Strategien unterscheiden lassen. Ein Test
bietet die Möglichkeit, die Strategie einer Business Unit oder
eines Unternehmens zu beurteilen. Die Vorteile der indirekten
Strategie werden herausgearbeitet, mit der Unternehmer und
Führungskräfte das Potential einer Situation erkennen und
nutzen können. Es wird nachgewiesen, dass letzten Endes die
Tragfähigkeit der Strategie, die der Unternehmer entwickelt,
die Mitarbeiter, die er eingestellt, und das Umsetzungssystem,
das er aufgebaut hat, für den nachhaltigen Erfolg wichtiger
sind als der Unternehmer selbst, wenn ihn sein Werk überleben soll. Abschließend wird der Frage nachgegangen, was
Erfolg ist und wie sich dieser messen lässt.

Im *dritten Abschnitt* wird gezeigt, wie wichtig die richtigen Mitarbeiter für den nachhaltigen Erfolg sind und wie die Füh-
rungskräfteauswahl und -entwicklung auf die Strategien der
Business Units ausgerichtet werden kann. Die Unternehmen
brauchen nicht nur eine Wettbewerbsstrategie, sondern auch
eine Leadership-Strategie. Es wird dargestellt, wie eine solche
aussieht, und verdeutlicht, dass die Unternehmer ihren besten
Führungskräften und Mitarbeitern mehr Zeit und Aufmerksamkeit widmen müssen. Eine Selbstbeurteilungs-Übung, mit
der festgestellt werden kann, wie kreativ und produktiv eine
Business Unit oder ein Unternehmen ist, beschließt den
Abschnitt.

Der *vierte Abschnitt* ist den taktischen Imperativen für nachhaltigen Erfolg gewidmet. In der Strategie gibt es bekanntlich
keinen Sieg. Der Sieg ist das Ergebnis erfolgreicher taktischer

Maßnahmen. Ausgehend von strategischen Fehlern, die in schwierigen Situationen häufig gemacht werden, werden diejenigen taktischen Maßnahmen diskutiert, die rasch spürbare Wirkungen bringen. Das Strategic Pricing als besonders wirksame und häufig unterschätzte Maßnahme wird ausführlich behandelt. Letzten Endes kommt alles auf die Umsetzung an, was bedeutet, dass Führende sichtbar sein müssen. Es wird gezeigt, wie Unternehmer und Führungskräfte präsent sein und wirksam kommunizieren können. Ein in der Praxis bewährtes Modell wird vorgestellt, wie sich die Veränderung konkret meistern lässt und wo wirksame Eingriffspunkte für nachhaltige Veränderungsprozesse bestehen. Auf einen Aspekt wird besonders hingewiesen: Wenn alle Energien der Mitarbeiter mobilisiert werden müssen, ist es Aufgabe einer guten Führung, Herz und Vernunft der Mitarbeiter zu gewinnen. Selbstbeurteilungs-Übungen regen zum Weiterdenken an.

Glück Zum unternehmerischen Erfolg gehört auch die Fähigkeit – so kurios das auch im ersten Moment klingen mag –, das Glück anzuziehen. Ohne Glück geht es nicht. Im *fünften Abschnitt* wird deshalb gezeigt, was Glück ist und was wir selbst tun können, um dieses sprichwörtliche Glück „anzuziehen". Jeder kann das innerhalb bestimmter Grenzen machen, zumindest sich in eine Situation begeben, in der einen das Glück begünstigt oder in der man das Glück beim Schopf ergreifen kann, denn jeder trägt selbst die Verantwortung für sein Glück (oder Unglück). Es wird nachgewiesen, dass glückliche Mitarbeiter gute Mitarbeiter sind, und gezeigt, wie Führende das Spannungsdreieck von individuellem Glück, Zufriedenheit am Arbeitsplatz und Innovation/Produktivität im Interesse der nachhaltigen Entwicklung des Unternehmens lösen können. Auch hier ergänzen Selbstbeurteilungs-Übungen die Ausführungen.

Was bleibt zu tun? Was bleibt zu tun? Dieser Frage wird im *sechsten Abschnitt* nachgegangen. Die Vorschläge lauten: Das Unternehmen kontinuierlich erneuern, sich mit Mitarbeitern umgeben, die besser und klüger sind als wir selbst, strategische Führungskompetenz mit Weisheit verbinden, in allen Entscheidungen das Nützliche für die Kunden und die Gesellschaft mit dem Angenehmen für das Unternehmen – die nachhaltige Wertsteigerung – in Einklang bringen sowie, last but not least, in der

Kunst der Führung komplexer Organisationen das rechte Maß finden. Auf eine Verantwortung der Führenden, die die effizientesten Einrichtungen unserer Zeit – die Unternehmen – leiten, wird abschließend hingewiesen: den technischen, wirtschaftlichen und sozialen Fortschritt sichern.

Dem Buch liegen zwei Anliegen zugrunde. Erstens, Einfachheit und Nachvollziehbarkeit. Die Ausführungen enthalten klare Botschaften, die Führende nachvollziehen und mit ihren eigenen Erfahrungen vergleichen können. Das zweite Anliegen ist, Anregungen zu geben, wie Unternehmen in schwierigen Zeiten erfolgreich in die Zukunft geführt werden können.

Die Anliegen wären erreicht, wenn das Buch beiträgt, mehr Mitarbeiter als heute auf allen Verantwortungsebenen einer Organisation zu unternehmerisch und strategisch denkenden und handelnden Mitarbeitern zu machen.

Innsbruck/Bruneck, im März 2010

Hans H. Hinterhuber

Aus Gründen der Lesbarkeit ist meist allgemein von Unternehmern, Mitarbeitern, Kunden, Partnern und Lesern die Rede, was selbstverständlich die Frauen mit einschließt.

Die Ausführungen verstehen sich als Einladung an die Führenden, mehr Frauen als bisher in Führungspositionen zu integrieren. Dies gelingt, wenn sich in den Unternehmen mehr Mentorinnen und Mentoren um die Karriere der Frauen kümmern als heute. Je größer der Anteil von Frauen in Führungspositionen ist, desto nachhaltiger ist in der Regel die Wertsteigerung des Unternehmens, desto geringer das Risiko strategischer Fehler und desto besser das Verständnis für die Bedürfnisse und Erwartungen der Kunden.

Dank

„Am Ende eines Jahres kommt der Zeitpunkt,
um rückblickend festzustellen, dass man
es allein nicht geschafft hätte. "
Michel de Montaigne

Die Forschungsmethodik besteht aus einer Analyse der Literatur, persönlichen Interviews und Gesprächen mit Unternehmern und obersten Führungskräften, in denen diese gebeten wurden, ihre Sicht von Führung, Strategie, Taktik und Mitarbeiterführung in wirtschaftlich schwierigen Zeiten zu teilen. Die Antworten auf die Interviews und Gespräche haben neue Ideen hervorgebracht, bestätigt, verfeinert und zu den Aussagen geführt, die in diesem Buch vorgestellt werden. Darüber hinaus beruht das Buch auf den persönlichen Erfahrungen, zum einen als Leiter eines großen Universitätsinstituts, zum anderen als Vortragender in Unternehmergesprächen, Weiterbildungskursen und MBA-Programmen, die ich im Laufe vieler Jahre in Europa gesammelt, kritisch reflektiert und weiterentwickelt habe. Vor allem aber fließen in dieses Buch die Erfahrungen als Chairman eines international tätigen Beratungsunternehmens und als Mitglied des Aufsichtsrates von mittleren und großen Unternehmen ein.

Wie jedes größere Projekt hat dieses Buch die Unterstützung und Hilfe seitens vieler Personen erhalten. Ich möchte als Erstes meinen Dank und meine Anerkennung den zahlreichen Unternehmern und Führungskräften aussprechen, die keine Zeit und Mühe gescheut haben, mir ihre Einsichten zu vermitteln, das Projekt laufend zu überprüfen und mich herausgefordert haben, „outside the box" zu denken.

Danken möchte ich auch den Teilnehmern an meinen Führungsseminaren, die Probleme, Herausforderungen und Lösungsansätze eingebracht haben, die in diesem Buch kritisch und für die Praxis, so hoffe ich, anregend verarbeitet wurden. Teile des Manuskripts wurden in der Beraterpraxis und in Unternehmergesprächen verwendet und auf ihre Praxistauglichkeit getestet.

Großer Dank gebührt auch meiner lieben Frau, die meine häufige Abwesenheit mit Geduld ertragen hat, in der Hoffnung, dass mein Bestreben etwas Nützliches für die Personen bringen möge, die die Verantwortung für die Unternehmen tragen und sie zum Wohle aller strategischen Stakeholder, aber auch zum Wohle der Gesellschaft leiten mögen.

Mein besonderer Dank geht an meine frühere Mitarbeiterin, Frau Andrea Mayr, ohne deren Freundlichkeit, Aufmerksamkeit und Gewissenhaftigkeit das Buch nicht zustande gekommen wäre.

Ebenfalls danken möchte ich dem Lektor des Werkes, Herrn Bruno Pusch, für die gute Zusammenarbeit und die konstruktiven Anregungen.

Schließlich möchte ich dem Schicksal dafür danken, dass es die Arbeit an diesem Projekt mit so viel Freude und Bereicherung für mein Leben erfüllt hat.

I Exzellente Führung ist unternehmerische Führung

1 Eine exzellente Führung ist der schnellste Weg zum nachhaltigen Erfolg

„Führen heißt, Hoffnung verkaufen.“
Napoleon

Im Westen wird der chinesische Begriff für Krise – weiji – üblicherweise mit den zwei Ideogrammen verbunden, die „Gefahr" und „Möglichkeiten" ausdrücken sollen. Diese Auslegung des chinesischen Begriffs wird heute häufig zitiert, um zu zeigen, dass Krisensituationen in wertvolle Möglichkeiten der Erneuerung umgewandelt werden können. Kenner der chinesischen Sprache weisen jedoch nach, dass „wei" in der Tat „Gefahr" bedeutet, „ji" jedoch den kritischen Punkt und nicht oder nicht so sehr die „Möglichkeit" bezeichnet.

Wenn also die Übersetzung von „wei" und „ji" nicht ganz der Wahrheit entspricht, ist sie doch gut erfunden: Sie stärkt die Hoffnung und mobilisiert kollektive Energien, um aus schwierigen Situationen herauszukommen.

Krise = Wendepunkt einer Entwicklung Diese falsche Auslegung der beiden Ideogramme scheint nicht zufällig zu sein. Auf der einen Seite stimmt sie mit dem griechischen Begriff „krisis" überein, der die Fähigkeit ausdrückt, auf die eine oder andere Art zu entscheiden; Krise bezeichnet den Wendepunkt einer Entwicklung. Auf der anderen Seite entspricht sie unserer Vorstellung und unserer westlichen Tradition. So wie der größte Sünder sich nach jedem Fall wieder aufrichten kann oder wie ganze Völker die Möglichkeit haben, sich nach jeder Phase des Verfalls wieder zu erneuern, so vermittelt diese Interpretation von Krise die Erfahrung, dass auf jeden Abschwung ein Aufschwung folgt oder auf jede dunkle Nacht ein heller Tag. Ein Sprichwort besagt: „Wo die Gefahr wächst, wächst auch das, was dich rettet".

Zuversicht ausstrahlen Die Zuversicht und der Wille, Vertrauen auszustrahlen, bewirken nachhaltige Veränderungen. Die Zukunft hängt nicht nur von der großen Politik und von den Umständen ab; jeder trägt eine Verantwortung, nach Maßgabe seiner Möglichkeiten zu den kollektiven Entscheidungen in seinem Wirkungsbereich beizutragen. Für die Perspektive des Unternehmers bedeutet dies, eine gute Führung, die Zuversicht ausstrahlt, ist der schnellste Weg aus einer schwierigen Situation. Zuversicht allein wird uns allerdings nicht aus dieser schwierigen Zeit herausbringen. Wenn Zuversicht jedoch auf Realitätssinn aufgebaut ist, wenn im Denken, Fühlen und Tun der Führungskräfte eine Einstellung herrscht, die sie ermutigt, die Dinge so zu sehen, wie sie sind und auf eine Weise in Angriff zu nehmen, die Pragmatismus und nicht Wunschdenken reflektiert, dann kann ein Unternehmen auch die schwerste Krise überstehen. Wer mit der Strategieentwicklung erst dann beginnt, wenn bereits rasches Handeln gefragt ist, so eine Schweizer Unternehmerin, verhält sich wie ein Student, der seine Prüfungsvorbereitungen mit dem Examen beginnt.

Überwintern heißt nicht Überleben

In der Wirtschaft ist ein rascher Klimawandel im Gang. Was sich nun auch in der Realwirtschaft in Form von rückläufigen Umsätzen, ausbleibenden oder annullierten Bestellungen, plötzlich entstandenen Überkapazitäten und Personalüberhang in Büros und Betrieben, überraschenden Restrukturierungskosten und Abschreibungen andeutet, kommt einem regelrechten Kälteeinbruch gleich, der vielerorts als Anfang einer längeren Frostperiode empfunden wird.

Was tut man in Unternehmen, wenn eine solche Kälteperiode kommt? Das Verhalten vieler Firmen erinnert an wechselwarme Tiere, deren Stoffwechsel und Bewegungen langsamer werden, wenn es kühl wird, da ihre Körpertemperatur sich der Umgebung anpasst. Je kälter es in ihrer Nähe wird, desto starrer werden sie. Diese Tiere, etwa Fische, Amphibien, Reptilien oder Insekten, können auf diese Weise mit geringem Nahrungsbedarf einen Winter überstehen. Und im übertragenen Sinn suchen wechselwarme Firmen durch eine Drosselung ihrer Aktivitäten eine Rezession so zu überstehen, dass sie dabei nicht allzu viele Mittel aufzehren.

Gefragt sind in solchen Zeiten primär Kostenreduktions-Experten, Chefs, die alle Kostenpositionen unter die Lupe nehmen, um Sparmöglichkeiten zu sondieren, die aus der Optik eines Buchhalters auch die Spielräume nutzen, um Kosten auf später zu verschieben oder außerhalb der ordentlichen Rechnung anzusiedeln, so dass in der Erfolgsrechnung die Gewinnzeile selbst in kalten Perioden einigermaßen vorzeigbar ist.

Mit dem Argument, das Unternehmen sei eben in einem speziell ungünstigen Markt tätig und könne praktisch nur auf der Kostenseite reagieren, wird eine Firmenführung bei oberflächlich interessierten Aktionären wohl kaum auf Widerspruch stoßen, wenn sie Stellenabbau, Investitionsstopp, strengere Befehlsstrukturen oder die Reduktion von Forschung und Entwicklung in die Wege leitet, um die Firma wintersicher zu machen.

Bei Zyklen gibt es aufgrund aller Erfahrung allerdings immer die Hoffnung und die Erwartung, dass es irgendwann wieder warm werden dürfte. Und mit der Wärme werden wechselwarme Schlangen, Echsen und Insekten jeweils wieder munter. Will man bei der Analogie bleiben, sollte man daher von Firmen, die in der Rezession auf „Total-Sparbetrieb" umgeschaltet hatten, erwarten dürfen, dass sie bei einer wirtschaftlichen Belebung ähnlich rege werden. So einfach ist das allerdings nicht. Unternehmen, die bei einer wirtschaftlichen Abkühlung, wie man sie jetzt erlebt, fast krampfhaft aufs Drosseln der Aktivitäten und aufs Senken der Kosten ausgerichtet werden, um überwintern zu können, werden möglicherweise nicht fit genug sein, wenn irgendwann der Aufschwung einsetzt und man losrennen muss. Es könnte gut sein, dass beweglichere Kollegen und Konkurrenten dann rasch in einer besseren Position sind, sie überholen, ihnen davoneilen.

In der biologischen Evolution wurden die wechselwarmen ja schließlich auch von den eigenwarmen Lebewesen „abgehängt", die ihre Körpertemperatur in jedem Klima beibehalten und mithin auch in kalter Umgebung ein reges Leben führen können. Übertragen auf die Wirtschaft hieße dies, dass Firmen, die auch in der Rezession rege bleiben und die „Betriebstemperatur" aufrechterhalten, beim Beginn eines Aufschwungs rascher aufdrehen als die reinen Sparfirmen.

Eine reine Sparfirma geht bei ihrer Überwinterungsstrategie das Risiko ein, in der Rezession Investitionen in neue Fähigkeiten und Innovationen zu verpassen, die später Erfolg bringen könnten. Werden Forschung und Entwicklung, das Wissen der Mitarbeiter oder die Suche nach neuen Geschäftsmodellen eine Zeitlang vernachlässigt, ist dies schwierig aufzuholen, wenn man erst einmal in Rückstand zur Konkurrenz geraten ist.

In Gesprächen mit Managern ist in den vergangenen paar Jahren aber immer wieder angeklungen, die boomartige Nachfrage absorbiere momentan fast alle Kapazitäten und Management-Kräfte, doch Forschung und Entwicklung würden später, in einer ruhigeren Phase, sicher wieder etwas mehr Aufmerksamkeit erhalten.

Diese ruhigere Phase ist nun da, und aus Sicht jeder Firma muss man damit rechnen, dass Konkurrenten diese Zeit sicher nutzen wollen, um Neues vorzubereiten. Sich nur mit Buchhaltung zu befassen, könnte also teuer zu stehen kommen. Auch aus gesamtwirtschaftlicher Sicht wäre es fatal, die Rezession nur als Periode zu betrachten, die man halt über sich ergehen lassen muss. Gewiss, die von vielen Staaten lancierten riesigen Programme zur Rettung des Finanzsystems und zur Stützung der Konjunktur können den Eindruck erwecken, dass es mit der Wirtschaft im Prinzip künftig auf ähnlichem Weg weitergehen wird wie bisher; im nächsten Jahr zwar gebremst, dann aber wohl wieder zügiger.

Dies ist indessen eine mechanistische und gefährliche Sichtweise. Hält man sich vor Augen, dass die Finanz- und Immobilienmärkte deshalb zusammengebrochen sind, weil viele Leute lange Zeit unter den Anreizen billigen Geldes falsch investiert haben, dann führt der Weg zu einer stabileren Wirtschaft nur über eine Korrektur der Fehlinvestitionen – sofern nicht neues billiges Geld und neue Regulierungen dies verhindern. Wer danach mit den alten Geschäftsmodellen und Ideen ins Rennen gehen will, wird Opfer der Konkurrenten sein.

Quelle: NZZ, 29./30.11.2008, Nr. 280, S. 9.

Wenn wir so leben, wie wir immer gelebt haben, wird die Zukunft so wie die Vergangenheit sein. Die Vergangenheit liegt hinter uns und man sollte sich an ihr weder orientieren noch sie als Spiegel für die Zukunft nehmen. Nur wenn wir an uns selbst arbeiten und etwas in uns verändern, dann wird die Zukunft vielleicht anders sein, weil wir sie anders gestalten können.

Nichts beflügelt den unternehmerischen Erfindergeist in schwierigen Zeiten mehr als die Aussicht, sich vom Markt verabschieden zu müssen. Von den sechs Formen der Strategie[1] kommen in schwierigen Zeiten vor allem drei in Frage:

1. die strategische Offensive,
2. die taktische Defensive oder
3. der strategische Rückzug.

Strategische Offensive Die *strategische Offensive* beruht auf radikalen Änderungen in der Strategie und in den Aktionsplänen, um das Unternehmen für den kommenden Aufschwung wettbewerbsfähiger zu machen. Die Unternehmen nutzen die Gunst der Stunde für eine nachhaltige Neuorientierung oder Neuschöpfung, um bahnbrechende Veränderungen durchzusetzen und glaubhaft den Mitarbeitern, Kunden, Anteilseignern – allgemein den strategischen Stakeholdern – zu kommunizieren. Die strategische Offensive ist eine riskante Strategie; die Herausforderungen können größer sein als die Fähigkeiten des Unternehmens, sie zu bewältigen. Als Beispiel mag Kodak dienen: Die Frage ist offen, ob Kodak den Übergang von fotografischen Filmen zu Computerdruckern schaffen wird.

Taktische Defensive Die *taktische Defensive* ist darauf gerichtet, Teilbereiche des Unternehmens vorausschauend oder reagierend den geänderten Situationen anzupassen, Ballast abzuwerfen, das Kerngeschäft zu stärken, zu „überwintern" und abzuwarten, bis sich die Wirtschaft wieder erholt hat. Kostensenkungsprogramme sind in schwierigen Zeiten leichter durchzusetzen als in Phasen des Wachstums. Je besser es gelingt, das Kerngeschäft abzusichern und zu stärken, desto wirksamer ist die taktische Defensive. Die Voraussetzung ist allerdings, dass das Kerngeschäft zukunftsfähig ist. Die häufig verwendete Metapher der im Meer brennenden Bohrplattform zeigt allerdings, dass es oft besser ist, sich von Strukturen und Dingen zu trennen, als mit diesen unterzugehen. In der Autoindustrie scheint die taktische Defensive die bevorzugte Form der Strategie zu sein.

Der *strategische Rückzug* zielt auf die Aufgabe von Geschäfts- einheiten, die unhaltbar sind, und auf die Verwendung der frei- gesetzten Ressourcen für die strategische Offensive. GE bei- spielsweise redimensioniert die Bedeutung von GE Capital, die im Jahr 2000 40 Prozent des Gewinns von GE erwirtschaf- tete, heute aber nur etwas mehr als 20 Prozent zum Gewinn beiträgt. GE hat sich auch von ihrer in der Assekuranz tätigen Geschäftseinheit getrennt. Mit ihrer Konzentration auf „grüne Produkte", auf Infrastrukturprojekte und auf Gesundheit hat GE ihr Profil gegenüber dem finanzlastigen Konglomerat der vergangenen Jahre deutlich verändert.

Strategischer Rückzug

Es gibt – zusammenfassend – keine empirischen Befunde, die zeigen, dass radikale Veränderungen, die in schwierigen Zei- ten durchgeführt werden, nachhaltiger und wirksamer sind als solche, die in guten Zeiten eingeleitet werden. Die römischen Legionäre haben die Befestigungsanlagen und Schutzwälle auch in ruhigen Zeiten und nicht in Krisensituationen gebaut.

2 Die richtige Balance zwischen Leadership/Unternehmertum und Management finden

> *„Die Klage über die Schärfe des Wettbewerbs ist in Wirklichkeit nur die Klage über den Mangel an Einfällen."*
> Walther Rathenau

Die Empirie und der gesunde Menschenverstand zeigen, dass eine exzellente Führung umso mehr zum Erfolg eines Unter- nehmens beiträgt, je turbulenter das Umfeld und je schwieri- ger die wirtschaftlichen Rahmenbedingungen sind. Die Unter- nehmen, die auf schwierigen Märkten erfolgreich sind, verdan- ken dies einer exzellenten Führung, einer guten Strategie, wirksam umgesetzten taktischen Maßnahmen, den richtigen Mitarbeitern ... und auch Glück. Was macht den Unterschied zwischen erfolgreichen und erfolglosen Unternehmen aus?

Die Antwort der von uns interviewten Unternehmer und obersten Führungskräfte ist eindeutig: „Kreativität, Aufmerksamkeit für Details und harte Arbeit".

Führen ist eine Kombination aus Leadership und Management, die von der Situation abhängt, in der geführt wird (Abbildung 2).[2]

Leadership *Leadership* heißt:

- eine Richtung vorgeben, die Sinn macht,
- neue Möglichkeiten erschließen und umsetzen oder umsetzen lassen,
- Mitarbeiterinnen und Mitarbeiter im positiven Sinne für das Erreichen von Zielen beeinflussen, die im gemeinsamen Interesse sind,

Abbildung 2: Führung = Management plus Leadership.

26

- authentisch sein, das heißt ein Charakter, der Vertrauen einflößt.

(+)

Management dagegen bedeutet:

Management

- Probleme auf eine kreative Weise lösen,
- Bestehendes optimieren,
- Planen, Organisieren, Kontrollieren, Koordinieren und dergleichen mehr,
- authentisch sein, das heißt ein Charakter, der Vertrauen einflößt.

Management ist mehr ein technokratischer Ansatz, für den es eine Vielzahl von Methoden, Instrumenten und Einstellungen gibt, mit denen eine Einrichtung ihren Kunden einen Mehrwert bieten und ihr Überleben sichern kann. Management lässt sich deshalb leichter erlernen als Leadership. Leadership ist subtiler, denn es geht darum:

= Exzellente Führung

- Möglichkeiten zu entdecken und umzusetzen, die andere nicht gesehen haben, und
- Mitarbeiterinnen und Mitarbeiter zu bewegen, kreativ ihre Energie in den Dienst gemeinsamer Aufgaben zu stellen.

Dazu gehört, wie erwähnt, ein Charakter, der Vertrauen einflößt. Leadership ist deshalb eine Kombination aus Charakter, Wissen und Tun. Das Ziel von Leadership ist Exzellenz in allem, was wir tun (Abbildung 3). Exzellenz ist in allen Tätigkeiten und Verhaltensweisen erreichbar, und seien sie noch so unscheinbar: auf persönlicher Ebene, wie wir ein Gespräch führen und Einsichten weitergeben, auf organisationaler Ebene, wie wir eine Sitzung oder ein Team leiten, eine Strategie entwickeln und umsetzen, auf operativer Ebene, wie wir ein Design gestalten, sowie auf Ressourcenebene, wie wir mit den knappen Ressourcen umgehen.

Exzellente Führung = Charakter (+) Wissen (+) Tun (+) Ergebnisse

Leadership wirkt in der Gegenwart, sie wird von der Geschichte des Unternehmens, seinen Kernkompetenzen und Werten bestimmt und verlangt die Vorwegnahme der Zukunft, das heißt der Bedürfnisse der Kunden, Erwartungen der Mitarbeiter

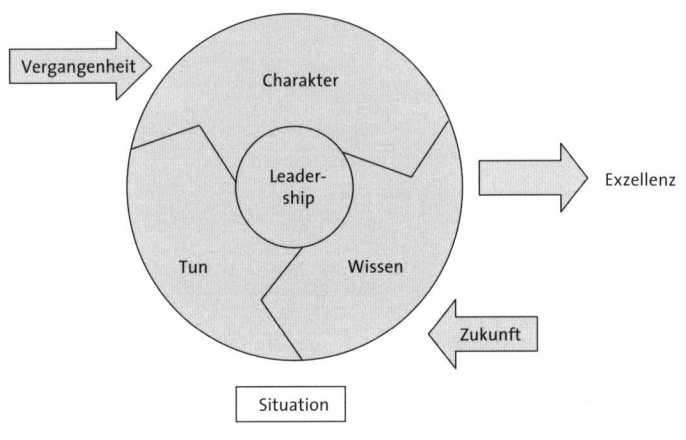

Abbildung 3: Leadership = Charakter plus Wissen plus Tun (in Anlehnung an: The U.S. Army Leadership Field Manual, 2004).

und anderen Stakeholdern sowie der Aktionen und Reaktionen der Konkurrenten.

Management ist dem kognitiven Bereich des Planens, Organisierens, Optimierens, Kontrollierens und dergleichen mehr zuzurechnen. Management ist auf Umsetzung und Performance ausgelegt. Der kognitive Bereich ist Führungskräften wohl bekannt; die gesamte Aus- und Weiterbildung ist auf Meisterschaft in diesem Bereich ausgerichtet. Veränderungsprozesse in Organisationen spielen sich jedoch überwiegend in einem anderen Bereich – dem emotionalen Bereich – ab. Der emotionale Bereich ist gekennzeichnet durch: Intuition, Unzufriedenheit, häufig auch Ärger mit dem Status quo, Unmut über die Konkurrenten, Stress und dergleichen mehr. Dazu sind Menschen mit unternehmerischen Fähigkeiten notwendig, mit einem Gespür für die innere Unruhe im Umgang mit bestehenden Problemlösungen, für neue Marktentwicklungen und Kundenbedürfnisse, für Chancen und Bedrohungen. Bei Veränderungsprozessen, wenn eine neue Pionierphase der Organisation eingeleitet werden soll, ist in erster Linie der emotionale Bereich gefordert, der allerdings durch die Vernunft geleitet werden muss. Leadership betrifft deshalb mehr den emotionalen, Management mehr den kognitiven Bereich.

Neue Pionierphase einleiten

28

Führende brauchen je nach Situation einmal mehr Leadership-, ein anderes Mal mehr Management-Fähigkeiten. Leadership und Management bilden eine Einheit, sie ergänzen sich wie Yin und Yang, keines ist ohne das andere möglich. Der deutsche Begriff Führung umfasst Leadership und Management.

In schwierigen Zeiten ist Leadership mehr als Management. **Wie Eigentümer denken** Leadership führt zu bahnbrechenden Innovationen und schafft dadurch neue Arbeitsplätze. Wer wie ein Unternehmer Dinge grundlegend ändern will, um dadurch zum allgemeinen Wohlstand beizutragen, muss die Mitarbeiter dazu bringen, dass sie wie Eigentümer denken.

Die Quellen von Leadership sind:

1. Offenheit für Möglichkeiten, die andere nicht gesehen haben, verbunden mit der Phantasie, Vorstellung und Fähigkeit, daraus Nutzen für das Unternehmen zu ziehen oder ziehen zu lassen,

2. natürliche Autorität, Glaubwürdigkeit und Wertschätzung denjenigen gegenüber, die mitdenken und mithandeln sollen, um die neuen Möglichkeiten umzusetzen.

Diese beiden Quellen erklären, warum Unternehmen überleben **Unternehmerisches Verhalten** und wachsen und andere Unternehmen vom Markt verschwinden, warum Unternehmen ihren Wert steigern und andere Unternehmen Wert vernichten. Diese beiden Quellen einer guten Führung – ihre Stärke und Schwäche – können Führungskräfte und Mitarbeiter mit Initiative, unternehmerischem Antrieb und Fähigkeiten bewegen, kalkulierte Risiken mit dem verfügbaren Kapital, mit ihrer Reputation, in der Konfrontation mit Konkurrenten, im Umgang mit Lieferanten, in der schonenden Nutzung der Ressourcen einzugehen, um neue Bedürfnisse der Kunden vorwegzunehmen und zu erfüllen. Unternehmen, die die größten Möglichkeiten für unternehmerisches Verhalten ihrer Führungskräfte und Mitarbeiter bieten, schaffen kraft ihrer Innovationen neue Arbeitsplätze. Unternehmen, die rationalisieren, Prozesse optimieren und Bestehendes noch effizienter machen, bauen zwangsläufig Arbeitsplätze ab. Unternehmen müssen rationalisieren, um wettbewerbsfähig zu bleiben, neue Arbeitsplätze werden allerdings vorwiegend durch neue Produkte und Dienstleistungen geschaffen.

Ehrgeiz, Vorstellungskraft, Unzufriedenheit mit dem Status quo, Abenteuerlust, ein unruhiges Temperament, Suche nach neuen Herausforderungen für nachhaltiges Wachstum, weiser Umgang mit Risiken, all das kennzeichnet zusammenfassend Leadership/unternehmerisches Verhalten.

3 Sind Sie mehr ein Leader/Unternehmer oder mehr ein Manager?

> *„Das ist das Haupthindernis, dass wir*
> *zu schnell mit uns zufrieden sind."*
> Seneca

Zur Beantwortung der Frage sind Ihnen mehrere Möglichkeiten an die Hand gegeben. Fragebogen 1 enthält eine Reihe von Fragen, mit denen jeder feststellen kann, ob er mehr ein Leader/Unternehmer oder ein Manager ist.[3] Nicolas G. Hayek beschreibt anschaulich, was ein Unternehmer ist (siehe Kasten). Dabei ist es wichtig, zu beachten, dass jeder in einer Führungsposition ein Unternehmer sein kann, auch wenn er kein Unternehmen besitzt und nicht sein eigenes Kapital riskiert.

Management ist eine Funktion, Leadership eine Lebensform

Grundsätzlich zur Unterscheidung ist zu sagen, dass „Manager" eine Funktion bezeichnet und ein Funktionstitel ist. „Leadership" oder „Unternehmertum" dagegen ist eine Lebensform oder ein Lebensstil.[4]

Der Leader/ Unternehmer sagt nicht: „Das geht nicht!"

Ein Unternehmer ist der, der den Menschen misstraut, die, wenn er ihnen eine Strategie oder ein Projekt größeren Ausmaßes vorschlägt, sagen: „Das geht nicht!" Er betrachtet die als innerlich tot, die ihr gemütliches Leben pflegen oder nicht wollen, dass er Erfolg hat, weil sie ihm den Erfolg neiden. Der Unternehmer glaubt an sein Vorhaben, er arbeitet mit äußerster Energie daran, überzeugt die anderen von der Sinnhaftigkeit des Projektes und lässt sich auch von den größten Schwie-

30

rigkeiten nicht ablenken. Es wird sich immer jemand finden, der einen einfacheren Weg vorschlägt. Wer jedoch an einer bahnbrechenden Innovation arbeitet, darf nie den Wegen folgen, die andere bereits gegangen sind. Er wird ihnen allerdings zeigen, dass die Innovation nicht egoistischen Motiven dient, sondern auch den Mitarbeitern und der nachhaltigen Entwicklung des Unternehmens.

Was ist ein Unternehmer?

1. „Ein Unternehmer ist für mich nicht, wie viele glauben, der Inhaber einer Firma. Nein. Ein Unternehmer gilt für mich als solcher, wenn seine Geisteshaltung, seine Mentalität alle unternehmerischen Eigenschaften umfasst. Eine unternehmerische Mentalität kann jeder von uns haben, sei er nun Landwirt oder Journalist, Schreiner oder Anwalt, Milchmann oder Bundesbeamter, Bankier oder Maler (Picasso war ein Unternehmer), Professor oder Student – und selbstverständlich auch ein Industrieller.

In erster Linie ist der Unternehmer ein Künstler voller Fantasie und Innovationsgeist, kommunikationsfähig, offen für alle Ideen, fähig, alles in Frage zu stellen – sowohl unsere Gesellschaft als sich selbst –, gefesselt von der Schönheit und sehr sensibel im Bezug auf das Schicksal unseres Planeten. Diese Geisteshaltung erlaubt ihm nicht nur, neue Produkte und neue Arbeitsplätze zu schaffen, das heißt echte Werte und Reichtümer für uns alle. Sie ist auch absolut notwendig, um mit Fantasie und Mut alle Hindernisse zu überwinden. Die einzigen Hindernisse, die in der Tat nicht zu überwinden sind und die man auch nicht vermeiden kann, sind Tod und Steuer.

Der Unternehmer muss auch fähig sein, unsere Gesellschaft, unsere Regeln und Gewohnheiten in Frage zu stellen, er muss ein Rebell sein, ohne Feind zu werden, und gleichzeitig eine große Liebe für eine sehr verführerische Gesellschaft entfalten, eine Gesellschaft, die trotz ihrer Fehler und Missstände, die wir mit menschlicher Wärme korrigieren sollten, liebenswert ist.

Ein solcher Mensch – voller Innovation, Fantasie und Sensibilität – ist jeder von uns hier im Saal und jeder von uns in der Welt, und zwar vom Tag unserer Geburt an. Ich behaupte tatsächlich, dass wir bei der Geburt alle diese Qualitäten in unseren Genen mitbekommen haben. Erinnern Sie sich, als Sie sechs Jahre alt waren. Wir haben im Sand gespielt, mit Freude Schlösser, Sandburgen gebaut, unser Einfallsreichtum war grenzenlos, wir glaubten an eine ganze Menge schöner Legenden, an wundersam hübsche Prinzessinnen und Märchenkönige, an den Weihnachtsmann.

Diejenigen, die sich nicht dagegen zur Wehr setzen, keinen Widerstand geleistet haben und die Gesellschaft kritiklos akzeptierten, haben diese Eigenschaften zum Teil verloren. Die Gesellschaft, die Schule, die Armee, die Ausbildung, der Arbeitsplatz sorgen dafür, dass viele unter uns diese Fantasie, diesen Innovationsgeist, diese Kreativität und die gesunde kritische Haltung der Gesellschaft gegenüber verloren haben. Deshalb predige ich seit Jahren allen meinen Kollegen, Mitarbeitenden und Freunden, dass sie alle sich die Fantasie ihrer sechs Jahre ein Leben lang bewahren sollten.

2. Der Unternehmer muss auch risikofähig und ein mutiger Realisator sein, schnell und konsequent. Sobald die Ideen einmal kreiert sind und eine Entscheidung darüber gefallen ist, müssen sie schnell in die Tat umgesetzt werden. Realisieren ist der schwierigste Teil der Kreativität. Mein Leben lang hörte ich immer wieder den Ratschlag ‚tu das nicht, das geht schief‘. Bei der Umsetzung muss der Unternehmer die meisten Hindernisse, sowohl menschliche wie materielle, überwinden und insbesondere in dieser Phase einen für alle seine Mitarbeitenden ansteckenden Dynamismus und Vitalität entfalten.

3. Er muss auch bereit sein, den Menschen und der gesamten Gesellschaft zu dienen. Und ich meine wirklich dienen. Er muss fähig sein, sich aufrichtig darüber zu freuen, wenn die Leute um ihn herum glücklich sind, weil er etwas dafür getan hat. Er hat die Aufgabe, neue Arbeitsplätze, Reichtümer, echte Werte zu schaffen oder dabei mitzuhelfen, und zwar

sowohl materielle wie auch moralische und intellektuelle Werte. Er ist Mitarchitekt des Wohlstandes und des sozialen Fortschrittes vieler, am liebsten aller, wenn das denn möglich wäre.

4. Unser Unternehmer muss helfen, im Rahmen seiner Möglichkeiten, mit allen seinen Ressourcen unsere Umwelt zu verbessern. Er realisiert, dass er als Passagier auf dem ‚Raumschiff Erde' mithelfen muss, dieses Raumschiff voll navigationsfähig zu halten.

5. Es darf nicht seine Strategie sein, den schnellen oder gar sofortigen maximalen Finanzgewinn zu erwirtschaften, sondern seine Strategie muss die langfristige, nachhaltige Entwicklung sein: zum Beispiel Investitionen in die Ausbildung, die Forschung und Entwicklung und die Produktion, um die Zukunft zu sichern, auch wenn damit kurzfristig die Finanzergebnisse geschmälert werden.

6. Für seine Mitarbeitenden und Kollegen muss er auch Motivator und Vorbild sein. Das Ehrgefühl ist dabei eines seiner ausgeprägten Merkmale. Er darf seine Macht nicht missbrauchen und seine Motivationsfähigkeit damit denaturieren. Dazu gehört auch die Bescheidenheit. Bescheiden deshalb, weil er nie vergisst, dass er, egal wie mächtig er auch scheinen mag, nur ein winziges kleines Wesen auf dem klitzekleinen Planeten (oder eben Raumschiff) Erde in einem riesigen Universum ist. Er hat auch die Fähigkeit, Menschen zusammenzubringen und sie zu fördern, dabei muss er so gerecht wie nur möglich sein. Seine Mission ist es, den Menschen um sich herum eine Atmosphäre, eine Mentalität der menschlichen Wärme und Optimismus zu vermitteln, eine Ambiance, die allen Mitarbeitenden Mut gibt, in einer Gesellschaft, in der sich heute viele isolieren und ohne solide Wurzeln fühlen.

7. Last but not least gehören Leidenschaft, Begeisterung und Liebe zu seiner Arbeit und alles, was damit zu tun hat, zu seinen wichtigsten Gefühlseigenschaften. Er empfindet sein Wirken nicht als Arbeit, er amüsiert sich. Hat er keine Freude

daran, wird er kaum eine Chance haben, ein guter und erfolgreicher Unternehmer zu sein.

Alle diese wichtigen Qualitäten (und einige andere weniger wichtige noch dazu) machen einen guten, erfolgreichen Unternehmer aus. Wie Sie sehen, können Menschen mit dieser Geisteshaltung die verschiedensten Berufe und Funktionen ausüben, seien sie nun Besitzer eines Unternehmens oder nicht."

Nicolas G. Hayek, Economiesuisse, 5.9.2008.

Jeder, der eine Führungsposition anstrebt, muss sich innerlich entscheiden, was er sein will: mehr ein Unternehmer/Leader oder mehr ein Manager/Angestellter. Wir alle müssen uns mit unserer Identität und der Rolle bemühen, die wir im Leben einnehmen wollen. Wir alle können nach Maßgabe unserer Anlagen und Fähigkeiten die Rolle eines Leaders/Unternehmers einnehmen, wenn wir es wollen, hart an uns arbeiten, und wenn die Situation es erfordert.

	Stimme zu				Stimme nicht zu
1. Ich sehe meine Aufgabe mehr darin, Probleme kreativ zu lösen und Bestehendes zu optimieren, als neue Möglichkeiten zu erschließen.	1	2	3	4	5
2. Führen heißt für mich, ganzheitlich denken, Sinn bieten und sich in allen Entscheidungen das „big picture" vor Augen halten.	1	2	3	4	5
3. Führen ist ein Prozess, in dem sich die beteiligten Personen gegenseitig beeinflussen.	1	2	3	4	5
4. Ich ermutige die Mitarbeiter, kreativ und innovativ zu sein, sich für die Gestaltung der Zukunft herausfordern zu lassen und dafür Verantwortung zu tragen.	1	2	3	4	5
5. Die Mitarbeiter vertrauen mir, stehen hinter mir und versuchen, mir nachzueifern.	1	2	3	4	5

34

6. Ich vermittle hohe Erwartungen an die Mitarbeiter, wobei ich „lehrbare" Gesichtspunkte, Geschichten und emotionale Appelle verwende.

| 1 | 2 | 3 | 4 | 5 |

7. Ich inspiriere und ermutige meine Mitarbeiter, das Risiko einzugehen, neue Wege zu beschreiten, um herausfordernde Ziele zu erreichen.

| 1 | 2 | 3 | 4 | 5 |

8. Ich sehe meine Aufgabe mehr darin, kurzfristige Ergebnisse zu erzielen, als meine Mitarbeiter zu entwickeln.

| 1 | 2 | 3 | 4 | 5 |

9. Die Mitarbeiter sind umso stärker motiviert, je besser sie bezahlt werden.

| 1 | 2 | 3 | 4 | 5 |

10. Ich stelle Belohnungen zur Verfügung, die alle gleich belohnen, wenn die Mitarbeiter ihre Aufgaben erfüllen oder die notwendigen Anstrengungen zeigen.

| 1 | 2 | 3 | 4 | 5 |

11. Der beste Weg, ein Team zu bilden, ist, herausfordernde, vielleicht sogar verrückte Ziele zu setzen, die unter Zeitdruck erreicht werden müssen.

| 1 | 2 | 3 | 4 | 5 |

12. Meine größte Freude ist, Prozesse zu optimieren und zu sehen, dass sie funktionieren.

| 1 | 2 | 3 | 4 | 5 |

13. Ich verwende mehr Zeit, Energie und Aufmerksamkeit für meine schwächeren Mitarbeiter als für meine besten, die sich um sich selbst kümmern.

| 1 | 2 | 3 | 4 | 5 |

14. Es ist besser, nichts über das Leben und die persönlichen Bedürfnisse und Interessen der Mitarbeiter zu wissen.

| 1 | 2 | 3 | 4 | 5 |

15. Ich liebe es, mich mit Menschen zu umgeben, die in dem, was sie machen, besser und klüger sind als ich selbst.

| 1 | 2 | 3 | 4 | 5 |

16. Ich versuche immer zu lernen, was andere Menschen bewegt und was sie in Schwung hält.

| 1 | 2 | 3 | 4 | 5 |

17. Es wird zu viel über Vision und Kernauftrag gesprochen, so dass es besser ist, wenn die Mitarbeiter einfach ihre Arbeit machen und die Frage der Werte nicht angesprochen wird.

| 1 | 2 | 3 | 4 | 5 |

18. Es ist meine Aufgabe, alles zu wissen, was in meinem Bereich vor sich geht.	1 2 3 4 5
19. Ich achte sehr genau, wie, wo und mit wem ich meine Zeit verbringe, denn meine Prioritäten werden von den Mitarbeitern beobachtet und befolgt.	1 2 3 4 5
20. Ich bemühe mich und arbeite hart an mir, Menschen zu verstehen, die sich sehr von mir unterscheiden.	1 2 3 4 5

Fragebogen 1: Leadership/Unternehmertum vs. Management: Eine Selbstbeurteilungs-Übung (Die Fragen und Interpretationen 8 bis 20 sind entnommen aus Schuler, 2003).

Interpretation der Ergebnisse der Selbstbeurteilungs-Übung

Frage 1: Probleme kreativ zu lösen und Bestehendes zu optimieren ist eher eine Managementaufgabe, neue Möglichkeiten zu erschließen, neue Produkte und Dienstleistungen einzuführen, neue Managementmethoden anzuwenden hingegen eher eine Leadership-Aufgabe oder unternehmerische Verantwortung. „Stimme zu" ist eher die Antwort eines Managers, „stimme nicht zu" die eines Leaders/Unternehmers.

Frage 2: Leadership heißt ganzheitlich denken, die Verantwortung für das Ganze tragen, eine Strategie entwickeln, die Sinn macht und Orientierung bietet, um den Kunden einen Mehrwert zu liefern. „Stimme zu" ist mehr die Antwort eines Leaders/Unternehmers, „stimme nicht zu" die eines Managers.

Frage 3: Leadership ist ein dynamischer Prozess gegenseitiger Verhaltensbeeinflussung. Lernprozesse auf beiden Seiten können diesen Prozess verändern. Wenn der Vorgesetzte steuernd eingreift, verändert er das Verhalten der beteiligten Personen und damit auch die Situation. „Stimme zu" ist eher die Antwort eines Leaders/Unternehmers, „stimme nicht zu" die eines Managers.

Frage 4: Leadership im Sinne der „transformationalen Führung" beruht auf „intellektueller Stimulation". Es geht darum, Energien freizusetzen und den Mitarbeitern zu helfen, das Beste aus dem zu machen, was sie am besten können. „Stimme zu" ist eher die Antwort eines Leaders/Unternehmers, „stimme nicht zu" die eines Managers.

Frage 5: Charismatische Führung hat im Allgemeinen, wenn sie mit Weisheit einhergeht, einen positiven Einfluss auf die Leistung eines Teams, auch die Leistung des Teams wird von den Mitarbeitern in der Regel positiv wahrgenommen. Eine nähere und kritische Erläuterung von Charisma erfolgt im Abschnitt I, 5. „Stimme zu" ist eher die Antwort eines Leaders/Unternehmers, „stimme nicht zu" die eines Managers.

Frage 6: Leadership heißt nicht, Anordnungen und Weisungen geben, sondern im Sinne einer „inspirierenden Motivation" hohe Erwartungen vermitteln. Dies gelingt, wenn jedes Meeting, jede Begegnung mit Mitarbeitern benutzt wird, um persönliche Erfahrungen im Erschließen neuer Möglichkeiten, im kreativen Lösen von Problemen, um Erlebnisse mit Kunden, Erfolge im innovativen Umgang mit Strategic Issues, um Vorgänge, die Zivilcourage, Loyalität, gesunde Überlegung, Wendigkeit und Tatendrang erforderten, so zu kommunizieren, dass sie Nachahmer finden. „Stimme zu" ist eher die Antwort eines Leaders/Unternehmers, „stimme nicht zu" die eines Managers.

Frage 7: Wenn strategische Entscheidungen für die Zukunft des Unternehmens anstehen, ist es wichtig, die Mitarbeiter zu ermutigen, das Risiko einzugehen, neue Wege zu beschreiten, zu experimentieren, um herausfordernde Ziele zu erreichen. „Stimme zu" ist eher die Antwort eines Leaders/Unternehmers, „stimme nicht zu" die eines Managers.

Frage 8: Leader fühlen sich eher als Mentoren, als „Entwickler von Talenten", in die sie ihre Zeit investieren und denen sie helfen zu wachsen. Sie sind überzeugt, dass ihre Mitarbeiter dadurch ihre Aufgaben besser erledigen und Prozesse effizienter machen, als sie selbst es könnten. Manager konzentrieren sich eher auf Prozessoptimierungen und kurzfristig erzielbare Ergebnisse. „Stimme zu" ist eher die Antwort eines Managers, „stimme nicht zu" die eines Leaders/Unternehmers.

Frage 9: Das Gehalt ist bekanntlich ein „Hygienefaktor" und kein Motivationsfaktor. Wenn sich das Gehalt in einem als akzeptabel wahrgenommenen Rahmen bewegt, motivieren sich die Menschen selbst durch die Art der Arbeit, die Herausforderungen, die sie zu bewältigen haben, die Möglichkeiten zu lernen und zu wachsen und die Unterstützung und die Wertschätzung, die sie von ihrem Vorgesetzten erhalten. „Stimme zu" ist eher die Antwort eines Managers, „stimme nicht zu" die eines Leaders/Unternehmers.

Frage 10: Manager richten Systeme ein und stellen Belohnungen in Aussicht, wenn die Mitarbeiter vertragsgemäß ihre Aufgaben erfüllen oder die notwendigen Anstrengungen zeigen. Leader verstehen, dass sich jeder anders motiviert, zum Beispiel durch Anerkennung, Respekt und Lob, durch flexible, familiengerechte Arbeitszeit, durch individuelle Gespräche mit dem Vorgesetzten und dergleichen mehr. „Stimme zu" ist eher die Antwort eines Managers, „stimme nicht zu" die eines Leaders/Unternehmers.

Frage 11: Management hat mehr mit Verbesserungen und inkrementalen Innovationen zu tun, Leadership mehr mit radikalen, bahnbrechenden Innovationen. Leader fordern die Mitarbeiter heraus, ihr Bestes zu geben und höhere Ziele zu erreichen, als sie selbst für möglich halten. Der Zusammenhalt und die Leistungsfähigkeit eines Teams sind dann am besten, wenn es gilt, herausfordernde Aufgaben, die im gemeinsamen Interesse sind, unter Zeitdruck zu bewältigen. „Stimme zu" ist eher die Antwort eines Leaders/Unternehmers, „stimme nicht zu" die eines Managers.

Frage 12: Wie eingangs erklärt, ist Prozessoptimierung eine typische Managementaufgabe. Leader freuen sich natürlich auch über effiziente Prozesse, mehr jedoch, wenn sie die Organisation als Ganzes gestalten und den Mitarbeitern helfen, sich zu entwickeln und zu wachsen. „Stimme zu" ist eher die Antwort eines Managers, „stimme nicht zu" die eines Leaders/Unternehmers.

Frage 13: Leader fragen sich mit Seneca, dem gescheiterten Erzieher des Kaisers Nero, dem heute noch modernen Philosophen, talentierten Bankier und erfolgreichen Lenker des Römischen Reiches, ob die Menschen, denen sie ihre (knappe)

Zeit widmen, es auch verdienen; sie nutzen ihre Zeit als Belohnung und setzen sie dort ein, wo sie die beste Wirkung zeigt. Manager konzentrieren sich mehr auf die Lösung von Problemen als auf die Entwicklung von Mitarbeitern. Leader helfen Mitarbeitern, die ihre Leistungsfähigkeit bereits unter Beweis gestellt haben, noch besser zu werden. Leader betrachten die Menschen und ihre Talente als Investitionsmöglichkeiten: Sie investieren ihre Zeit und Energie dort, wo sie den höchsten Nutzen erwarten („Führung und Leistung über die Erwartungen hinaus"). Je knapper die Zeit ist, je geiziger wir mit den Stunden umgehen, desto bedeutsamer ist die Geste, anderen Zeit zu schenken oder von anderen Zeit geschenkt zu bekommen. „Stimme zu" ist eher die Antwort eines Managers, „stimme nicht zu" die eines Leaders/Unternehmers.

Frage 14: Leader zeigen einen hohen Grad an persönlichem Interesse für die Bedürfnisse der Mitarbeiter („individualized consideration"). Leader versuchen die Werte, Annahmen und Erwartungen ihrer Mitarbeiter zu verstehen und erstere im Interesse des Unternehmens zu beeinflussen. Manager dagegen achten mehr auf persönliche Distanz. „Stimme zu" ist eher die Antwort eines Managers, „stimme nicht zu" die eines Leaders/Unternehmers.

Frage 15: Dies ist ein klassisches Leadership-Statement. Leadership heißt Talente fördern, heißt keine Angst haben vor unabhängigen und häufig schwierigen Mitarbeitern. In Summe muss der Leader natürlich besser sein als seine Mitarbeiter. Manager dagegen möchten ihr Umfeld stärker unter Kontrolle halten, häufig haben sie auch Angst, sich mit Mitarbeitern zu umgeben, die in ihren Bereichen besser sind als sie selbst. „Stimme zu" ist eher die Antwort eines Leaders/Unternehmers, „stimme nicht zu" die eines Managers.

Frage 16: Leadership heißt Herz und Vernunft der Mitarbeiter gewinnen, Management ist mehr ein technokratischer Ansatz, um Ziele zu erreichen. „Stimme zu" ist eher die Antwort eines Leaders/Unternehmers, „stimme nicht zu" die eines Managers.

Frage 17: Vision („Welches Bedürfnis der Gesellschaft will das Unternehmen erfüllen?") und Kernauftrag („Welchen Mehrwert bieten unsere Produkte und Dienstleistungen dem Kunden?") sind zwei wichtige Begriffe, um der Arbeit und dem Einsatz der Mitarbeiter Sinn und Orientierung zu bieten. Wer Leistung fordert, muss Sinn bieten. „Stimme zu" ist eher die Antwort eines Managers, „stimme nicht zu" die eines Leaders/Unternehmers.

Frage 18: Die modernen IT-gestützten Kommunikationsmittel erlauben es den Führungskräften, von jedem Ort und zu jeder Zeit unmittelbar in Einzelheiten der Durchführung einzugreifen. Es mag bisweilen nur Misstrauen den Vorgesetzten treiben, sich um Kleinigkeiten zu kümmern, es mag ihm auch daran liegen, Macht- und Gestaltungskompetenz zu beweisen. Jeder, der einen signifikanten Teil seiner Zeit mit der Lösung taktischer Probleme verbringt, ist kein Leader, sondern ein Mitarbeiter mit Leitungsbefugnis. „Stimme zu" ist eher die Antwort eines Managers, „stimme nicht zu" die eines Leaders/Unternehmers.

Frage 19: Führungskräfte werden wie unter einem Mikroskop beobachtet. Wie, wo, mit wem und wie lange sie ihre Zeit verbringen, wird in der Organisation genau verfolgt. Die Prioritäten, die sie setzen, werden häufig auch die Prioritäten ihrer Mitarbeiter. „Stimme zu" ist eher die Antwort eines Leaders/Unternehmers, „stimme nicht zu" die eines Managers.

Frage 20: Leader wissen aus Erfahrung, dass niemand von seinem Standpunkt aus alle Probleme lösen oder alle Möglichkeiten erkennen kann. Leadership heißt Menschen unterschiedlicher Kulturen aktiv zuhören, von allen lernen und Anregungen geben. Manager konzentrieren sich in der Regel auf etwas, von dem sie überzeugt sind, dass es für die Prozesse richtig ist. Auch Leader freuen sich nicht immer, abweichende Meinungen zu hören, sie haben aber in der Regel die wichtige Lektion gelernt, dass sich die beste Idee durchsetzen möge. „Stimme zu" ist eher die Antwort eines Leaders/Unternehmers, „stimme nicht zu" die eines Managers.

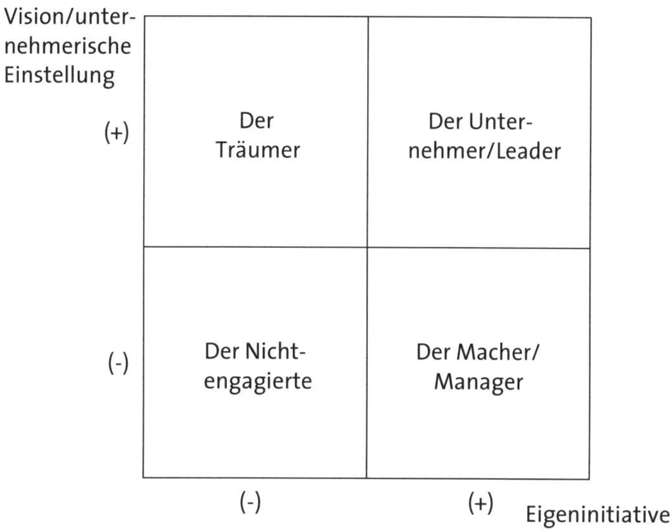

Vision/unter- nehmerische Einstellung		
(+)	Der Träumer	Der Unter- nehmer/Leader
(-)	Der Nicht- engagierte	Der Macher/ Manager
	(-)	(+) Eigeninitiative

Abbildung 4: Unternehmer/Leader versus Macher/Manager.

Leadership ist, was wir sind, Management, was wir tun. Leadership, so Warren Bennis, der amerikanische Professor, der sein ganzes Leben dem Studium des Leadership-Verhaltens gewidmet hat, ist Charakter plus Urteilsfähigkeit; von ihm stammt der Satz: „You manage things. You do not manage people. You lead people." Führungs- und Charaktereigenschaften sind eins. Führungsaufgaben verlangen sowohl Leadership, das heißt unternehmerische Fähigkeiten, als auch Managementfähigkeiten. Führungskräfte brauchen je nach Situation und Aufgabe die richtige Balance zwischen Leadership-/unternehmerischen und Managementfähigkeiten (Abbildung 4).

Unternehmer/Leader versus Manager

Ein Manager ist, wer ein Projekt innerhalb der vorgegebenen Zeiten und Kosten erfolgreich abschließt. Ein Unternehmer/Leader ist, wer dem Auftraggeber zu zeigen vermag, wie durch eine andere Sicht der Dinge wesentlich mehr erreicht werden kann, und das verbesserte Projekt innerhalb der vorgegebenen Zeiten und Kosten erfolgreich abschließt.

4 Woran erkennt man einen Führenden?

„Der Führende steht für die Tugenden der Weisheit,
der Glaubwürdigkeit, des Wohlwollens,
des Mutes und der Disziplin. "
Sun Tzu

Es gibt unterschiedliche Sichtweisen im Unternehmen[5]:

Die Sicht des Angestellten:	Was erwartest du, dass ich mache?
Die Sicht des Bürokraten:	Das ist nicht meine Aufgabe. Unsere Verfahren erlauben das nicht.
Die Sicht des Verwalters:	Wie haben wird das das letzte Mal gemacht?
Die Sicht des Negativisten:	So wird das nie funktionieren. Wir haben das bereits versucht.
Die Sicht des Leaders/ Unternehmers	Nimmt die Veränderung vorweg, zieht daraus Nutzen für das Unternehmen, gestaltet die Zukunft und übernimmt die Verantwortung.

Merkmale eines Führenden Ein Leader/Unternehmer:

- *Sieht,* was zu tun ist,
- denkt *ganzheitlich* und hat die Verantwortung für das Ganze,
- *versteht* die Kräfte und Bedingungen, die in einer bestimmten Situation eine Rolle spielen,
- schafft eine *innovationsfreundliche* Organisation,
- *beeinflusst* das Verhalten anderer so, dass sie sich engagiert für die Kunden einsetzen,
- hat den *Mut,* Maßnahmen zu ergreifen, die die Dinge besser machen,
- *lebt* die Werte, die er predigt,

42

- entwickelt die Mitarbeiter und
- liefert Ergebnisse.

Fragebogen 2 zeigt ein Modell, wie unternehmerisches Verhalten/Leadership beurteilt werden kann.

Ein Leader/Unternehmer:	Trifft zu				Trifft nicht zu
Sieht, was zu tun ist.	1	2	3	4	5
Denkt *ganzheitlich.*	1	2	3	4	5
Versteht die Kräfte und Bedingungen, die in einer bestimmten Situation eine Rolle spielen.	1	2	3	4	5
Schafft eine *innovationsfreundliche* Organisation.	1	2	3	4	5
Beeinflusst das Verhalten anderer im positiven Sinn so, dass sie sich engagiert für die Kunden einsetzen.	1	2	3	4	5
Hat den *Mut,* Maßnahmen zu ergreifen, die die Dinge besser machen.	1	2	3	4	5
Lebt die Werte, die er predigt.	1	2	3	4	5
Entwickelt seine Mitarbeiter.	1	2	3	4	5
Liefert Ergebnisse.	1	2	3	4	5

Wer nicht alle Fragen mit „1" bis „2" beantworten kann, sollte keine Führungsposition einnehmen.

Fragebogen 2: Die Beurteilung von Leadership/unternehmerischem Verhalten (modifiziert nach Clawson, 2009).

Die folgende Abbildung 5 veranschaulicht die Schlüsselelemente von Leadership.

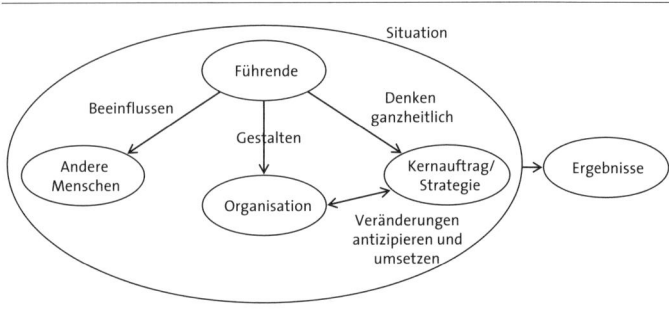

Abbildung 5: Die Schlüsselelemente von Leadership (in Anlehnung an Clawson, 2009).

Die Ergebnisse können sein (siehe im Einzelnen Abschnitt II, 7):

- EVA, EBIT, DCF, …
- Verbesserung der langfristigen Gewinnaussichten.
- Kundenzufriedenheit.
- Operative Effizienz.
- Wie viele Mitarbeiter jemand zu Führenden entwickelt hat.
- Lernfähigkeit der Organisation.
- …

Führung ist Exzellenz in allem, was wir tun

Führung geht jeden in einer Organisation an, sei er an der Spitze eines Unternehmens oder einer Strategischen Geschäftseinheit, in der Organisation für einen Funktionsbereich verantwortlich oder Leiter eines Teams auf der unteren Verantwortungsebene (Abbildung 6). Jeder, der das Verhalten anderer im positiven Sinn im Hinblick auf ein gemeinsames Ziel beeinflusst, ist in einer Führungsposition. Jeder kann ein Führender sein, indem er sich entscheidet, wie ein Führender zu handeln, wenn die Situation es erfordert. Die Perspektiven sind naturgemäß unterschiedlich. Wer ein Unternehmen als Ganzes oder eine Strategische Geschäftseinheit führt, ist ein „Leader of leaders", in italienischer Diktion „il capo di tutti i capi". Die Auswirkungen der strategischen Führung auf die nachhaltige Wertschöpfung des Unternehmens sind natürlich umso weit-

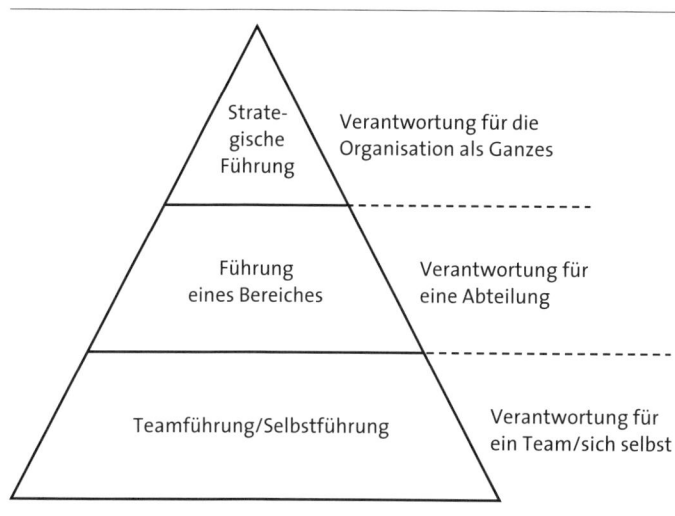

Abbildung 6: Führung geht jede(n) an.

reichender, je größer die Entscheidungsbefugnisse des Letzt-entscheidungsträgers sind. Je weitreichender diese sind, desto länger ist der Zeithorizont, der notwendig ist, damit diese Ent-scheidungen ihre volle Wirkung zeigen. Branchenkenntnis ist für eine Topführungsposition kein notwendiges Kriterium. Carl-Henric Svanberg beispielsweise wird Chairman von BP, obwohl er keine Kenntnis der Erdölindustrie mitbringt. BP verfügt über so viel Expertise in der Erdöl- und Erdgasindus-trie, dass eine neue Perspektive und eine neue Sicht der Dinge wichtiger sind als einschlägige Erfahrungen. Entscheidungen für Spitzenführungskräfte basieren, wie auch im Fall von Peter Löscher, CEO von Siemens, auf dem Standing und der Qua-lität des Individuums, seinen Führungsfähigkeiten und seiner Fähigkeit, sicherzustellen, dass sich das Unternehmen in Rich-tung Vision und nach Maßgabe seiner Strategien bewegt. Füh-rung auf dieser Ebene reduziert sich letzten Endes auf die Auswahl und Entwicklung der richtigen Führungskräfte und auf die Fähigkeit, ein Umfeld zu schaffen, in dem die Teams, auf welcher Ebene auch immer, kreativ und innovativ arbeiten können.

Die offene Frage ist allerdings, wie schnell sich ein Individuum, auch wenn es noch so talentiert ist, auf einer steilen Lernkurve bewegen kann. Viele Untersuchungen zeigen, dass Führung innerhalb bestimmter Grenzen erlernbar ist und dass jeder sein Führungsverhalten verbessern kann, wenn er ernsthaft an sich selbst arbeitet. In diesem Sinn ist Führung die erlernte oder angeborene Fähigkeit, Menschen im positiven Sinn und dadurch, dass man authentisch ist, so zu beeinflussen, dass sie sich engagiert für Ziele und Aufgaben einsetzen, die im gemeinsamen Interesse sind. Führen heißt letzten Endes: erziehen – erziehen aber heißt, Kräfte „herausziehen", nicht Kräfte unterdrücken!

Merkmale guter Führung Die Merkmale einer guten Führung sind:

- eine Richtung vorgeben, die Sinn macht,
- neue Möglichkeiten erschließen und umsetzen lassen,
- herausfordernde, wichtige Ziele und die entsprechenden Rahmenbedingungen mit den Mitarbeiterinnen und Mitarbeitern vereinbaren,
- die Ziele so kommunizieren, dass die Mitarbeitenden ihnen die gleiche Wichtigkeit beimessen wie die Führungskräfte selbst,
- kurzfristig Ergebnisse erzielen und die Organisation langfristig stärker machen,
- Zeit für die Mitarbeiter haben,
- ein Charakter, der Vertrauen einflößt.

Preis der Führung Führung hat seinen Preis:

- Sichtbarkeit: Das Verhalten Führender wird wie unter einem Mikroskop beobachtet.
- Verantwortung: Führende tragen Verantwortung für die Auswirkungen ihrer Entscheidungen auf andere.
- Konfliktbewältigung: Führung beginnt dort, wo der Konsens aufhört (55 Prozent zu 45 Prozent Entscheidungen, 95 Prozent zu 5 Prozent persönliches Engagement).
- Risiko/Veränderung: Führende müssen bereit und fähig sein, sich zu entwickeln und sich den sich ändernden Verhältnissen anzupassen.
- …

46

Menschen, die nicht bereit sind, diesen Preis zu bezahlen, sollten keine Führungsposition anstreben. Wer eine Führungsposition einnimmt, muss sich bewusst sein, dass sich sein ganzes Leben vor den Augen der kritisch beobachtenden Mitwelt abspielt. Er muss auf das Urteil der Mitmenschen hören, auf sich selbst vertrauen und sich mit seinen Entscheidungen täglich neu beweisen.

5 Braucht ein Unternehmen eine charismatische Führungspersönlichkeit an der Spitze?

> *„Jede Einrichtung ist der verlängerte Schatten des Mannes oder der Frau an der Spitze."*
> Ralph Waldo Emerson

Jedes Jahr verlieren etwa 15 Prozent der CEOs der weltweit größten Unternehmen ihre Stelle; in rund einem Drittel der Fälle erfolgt die Trennung wegen schlechter Performance. Dafür gibt es zwei Gründe: Entweder haben die Aufsichtsräte die falschen CEOs ausgewählt oder diese waren nicht in der Lage, gute Strategien zu entwickeln und umzusetzen. Neuere Studien und unsere Erfahrungen zeigen, dass weniger schlechte Entscheidungen der Aufsichtsräte als vielmehr die Komplexität im Wettbewerbsumfeld und im Unternehmen die Ursache dafür ist, dass viele, oft außergewöhnliche Führungskräfte mit ihren Strategien scheitern.[6]

Trennt sich ein Unternehmen von seinem CEO, so liegt das in der Regel an seiner Inkompetenz. Es ist deshalb nicht verwunderlich, wenn sich die Wirtschaftsergebnisse des Unternehmens nach der Trennung verbessern. Bennedsen/Pérez-Gonzáles/Wolfenzon haben in einer Longitudinalstudie dänischer Unternehmen zwischen 1992 und 2003 untersucht, wie sich der Tod des CEO auf den Gewinn des Unternehmens auswirkt. Es zeigt sich, dass das Wirtschaftsergebnis eines Unternehmens mit dem Tod des CEO sinkt. Der Tod eines Familienmitglieds des CEO führt ebenfalls zu einem Rückgang des Gewinns des Unternehmens, da dieser zwangsläufig dadurch von seiner Führungsverantwortung abgelenkt wird. Die Studie zeigt somit unter anderem, dass der Tod des CEO oder eines seiner

CEO entscheidend

Familienmitglieder negative Folgen für das Unternehmen hat. Der Tod eines Mitgliedes des Führungsteams hat dagegen keine nennenswerten Auswirkungen auf den Erfolg des Unternehmens.

Baruch Lev, Professor an der Stern School of Business, New York University, weist in einer groß angelegten Longitudinalstudie nach, dass die „managerial ability" die wichtigste Triebkraft für den nachhaltigen Erfolg eines Unternehmens ist; er zeigt auf der Basis von Bilanzdaten börsennotierter US-Unternehmen, dass langfristig überdurchschnittliche Ergebnisse auf das Wirken des CEO und seines Führungsteams zurückzuführen sind.[8] *Der CEO spielt deshalb eine wichtige Rolle für das Unternehmen.* Je schwieriger die wirtschaftlichen Rahmenbedingungen sind, desto wichtiger ist somit eine exzellente Führung des Unternehmens (Abbildung 7). Grund für das Scheitern ist aber häufig nicht nur inkompetente Führung, sondern auch unethische Führung.

Die eingangs zitierte Aussage Ralph Waldo Emersons wird also bestätigt. Ich möchte nun der Frage nachgehen, welche Rolle charismatische Führungspersönlichkeiten für das Unternehmen spielen.

Die Frage, ob große Führungspersönlichkeiten tatsächlich den Lauf der Geschichte oder die Entwicklung der Unternehmen nachhaltig beeinflussen oder ob sie nicht gerade zur rechten Zeit am rechten Ort sind, ist so alt wie die Menschheit selbst. Stellvertretend für eine mögliche Antwort sei der Historiker Thomas Carlyle genannt: „Die Weltgeschichte, sprich die Geschichte des vom Menschen auf der Erde Erreichten, ist im Kern nichts anderes als die Geschichte großer Männer, die hier wirken." Die Gegenposition nimmt Otto von Bismarck ein, der das politische Geschehen im Gegensatz zu Carlyle lange Zeit von innen erlebte und mitgestaltete: „Politik ist, dass man Gottes Schritt durch die Weltgeschichte hört, dann zuspringt und versucht, einen Zipfel seines Mantels zu fassen … Der Mann ist nur so groß wie die Woge, die unter ihm brandet." „Selbst der leidenschaftlichste Vertreter der These, die Geschichte sei das Werk großer Männer", so J. Diamond, „dürfte kaum in der Lage sein, das allgemeine Verlaufsmuster der Geschichte auf

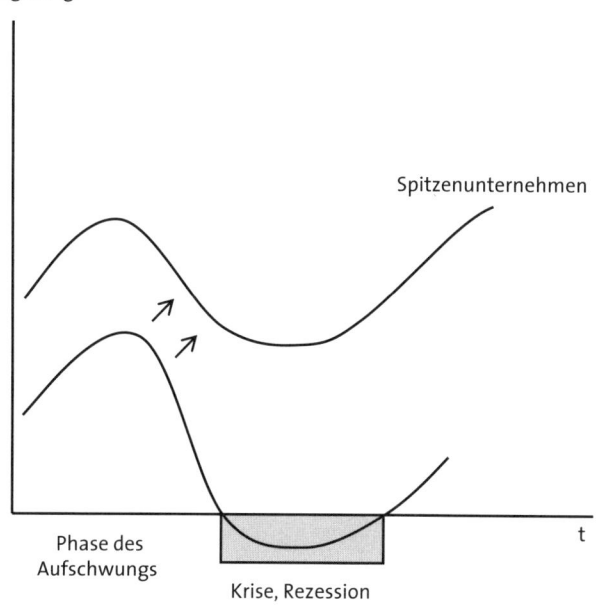

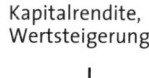

Kapitalrendite,
Wertsteigerung

Spitzenunternehmen

Phase des
Aufschwungs

Krise, Rezession

t

Abbildung 7: Leadership und Strategie: In schwierigen Zeiten wichtig
(Quelle: Hinterhuber & Partners Studie).

das Wirken einer Handvoll solcher herausragender Gestalten zurückzuführen".[9] Helmuth von Moltke dürfte die richtige Antwort haben: „Der Mensch ist, was er ist, und wird durch die Situation, was er sein kann."

Charisma ist nach Max Weber die außerhalb des Alltags stehende Qualität eines Menschen, die ihn seiner Gruppe als gottbegnadet erscheinen lässt. Charisma ist eine offensichtlich angeborene Fähigkeit, in den Mitarbeitern Begeisterung zu erwecken, Energien freizusetzen und Zuneigung zu gewinnen sowie sie zu Leistungen anzuspornen, die persönliche Opfer erfordern und die Erwartungen übertreffen. Bleiben einer charismatischen Führungspersönlichkeit die erwarteten Erfolge dauernd versagt, so schwindet seine charismatische Autorität.

Charisma weckt Begeisterung ...

Die charismatische Führungspersönlichkeit sollte mit besonderen, hervorragenden und somit nicht jedermann zugänglichen

Kräften oder Eigenschaften ausgestattet sein. Dies führt dazu, dass sie seine Anhänger als Führungspersönlichkeit werten und anerkennen. Wertung und Anerkennung bewähren sich nach Max Weber schließlich durch die freie Hingabe der geführten Menschen an diese von ihnen anerkannte Führungspersönlichkeit.

Empirische Untersuchungen zeigen, dass charismatische Führung im Allgemeinen einen positiven Einfluss auf die objektive Teamleistung hat.[10] Eine charismatische Führungspersönlichkeit personifiziert eine Gemeinschaft, hat eine Vision, die sie dem Verständnis ihrer Mitarbeiter nahebringt, inspiriert diese, sich begeistert für Aufgaben und Ziele einzusetzen, die im gemeinsamen Interesse liegen, regt sie an, neue Wege zu gehen, Möglichkeiten zu erschließen, die andere nicht gesehen haben, und Ergebnisse zu erzielen, die über die Erwartungen hinausgehen. Charismatische Führungspersönlichkeiten sprechen Herz und Vernunft der Mitarbeiter an.

Wer Menschen führen will, muss hinter ihnen gehen

„Der beste Führende ist der, von dem die Leute kaum wissen, dass er da ist.

Es ist nicht gut, wenn die Leute ihm gehorchen und ihn verehren, noch schlimmer, wenn sie ihn fürchten.

Führt ein ganz Großer, sagen die Leute, wenn er seine Arbeit getan hat: ‚Wir selbst haben es vollbracht'."

Laotse

Egidio Egidi, der frühere CEO der AGIP Mineraria und kurzfristig des ENI-Konzerns, der maßgeblich zur Entwicklung der beiden Unternehmen beigetragen hat, in einer Fernsehsendung im Jahr 2009 jedoch nicht erwähnt wurde, schreibt in einem Brief an den Verfasser (der vor vielen Jahren sein Mitarbeiter war): „Was meine Person betrifft, da Du mich gekannt hast, darf es nicht verwundern, wenn ich nicht vorkomme. Ich war immer in der zweiten Reihe und habe alle meine Bemühungen stets darauf gerichtet, Dinge zu verwirklichen, die Bestand hatten. Unbescheiden habe ich mich immer bemüht, mich gemäß Laotses Worten zu verhalten. Vielleicht liegt es in meiner Natur als Mann aus den Marken, ein Understatement zu praktizieren."

„Fasst man die Forschungsbefunde und Beobachtungen in der Praxis zusammen, dann ist festzustellen, dass eine solche charismatische Führung durch herausragende Einzelpersonen zwar für entscheidende Entwicklungsphasen notwendig ist, um neue Impulse zu setzen, aber nicht geeignet, um eine überdauernde, effiziente Organisation zu erhalten."[11] In einer Zeit des Wandels und der strategischen Neuorientierung eines Unternehmens ist häufig eine charismatische Führung notwendig, um die Mitarbeiter anzuregen und in die Lage zu versetzen, neue Möglichkeiten zu erschließen und dadurch die Veränderung zu beherrschen. Eine charismatische Persönlichkeit, die dem Verfasser seit seiner Jugend in Erinnerung geblieben ist, war Enrico Mattei, der unter mysteriösen Umständen ums Leben gekommene Gründer und CEO des ENI-Konzerns. Jeder kennt in seinem Erfahrungsbereich Persönlichkeiten, die durch nachhaltige unternehmerische Leistungen die Qualifizierung „charismatisch" verdienen.

... und wirkt kurzfristig

Auch Wunderer[12] bescheinigt der charismatischen Führung positive Wirkungen; er schränkt seine Aussage allerdings ein, indem er auf die folgenden Schwachpunkte dieses Ansatzes hinweist:

1. Charismatische Führungspersönlichkeiten sind in der Realität dünn gesät; er schätzt ihren Anteil auf 5 bis 10 Prozent.
2. Charisma lässt sich kaum lernen.
3. Charismatische Führung birgt Risiken in sich, zum Beispiel destruktiver Gehorsam, Infantilisierung und Missbrauch der Geführten für narzisstische Zwecke. Auf diesen Aspekt werde ich im nächsten Abschnitt eingehen.
4. Charismatische Führungspersönlichkeiten spalten die Geführten in extreme Anhänger oder Gegner.
5. Die einseitige Ausrichtung auf die charismatische Führungspersönlichkeit läuft sowohl gesellschaftlichen Tendenzen – Partizipation und Autonomie der Mitarbeiter sowie

Nachteile von Charisma

Selbststeuerung am Arbeitsplatz – als auch betrieblichen Erfordernissen, wie dem zunehmenden Bedarf an eigenständig und unternehmerisch denkenden und handelnden Mitarbeitern, entgegen.

Die empirischen Befunde über die charismatische Führungspersönlichkeit zeigen zusammenfassend[13]:

- Es besteht kein Zusammenhang zwischen dem Charisma eines CEO und der nachhaltigen Performance des Unternehmens.

- Zu Beginn der Amtsperiode eines charismatischen CEO lässt sich ein gewisser Einfluss auf die Wirtschaftsergebnisse des Unternehmens feststellen („Ernten niedrig hängender Früchte").

- Wichtiger als das Charisma des CEO ist seine „intellektuelle Stimulierung", was er anregt, wie er seine Mitarbeiter inspiriert und welche Fragen er aufwirft.

- Die Ausstrahlung, das Vorbild, die Sicht der Dinge, die Werte der operativen Führungskräfte sind wichtiger als das Charisma des CEO.

Charisma is not enough to turn somebody into a leader

„If I am enormously charismatic, I can convince you to do a lot of things because of the force of my personality. But force of personality is not an argument … It's not facts, it's not evidence, it's not data … Charisma is irrelevant. It's not good or bad, it's irrelevant."

Jim Collins

Im Ergebnis lässt sich feststellen, dass charismatische Führung keine auf Dauer wirksame Führung ist. Es sind letzten Endes fünf Dimensionen der Führung, die 60 bis 70 Prozent der Kernattribute erklären, die ein Führender besitzen muss (Abbildung 8); die anderen Attribute sind im Abschnitt VI dargestellt.

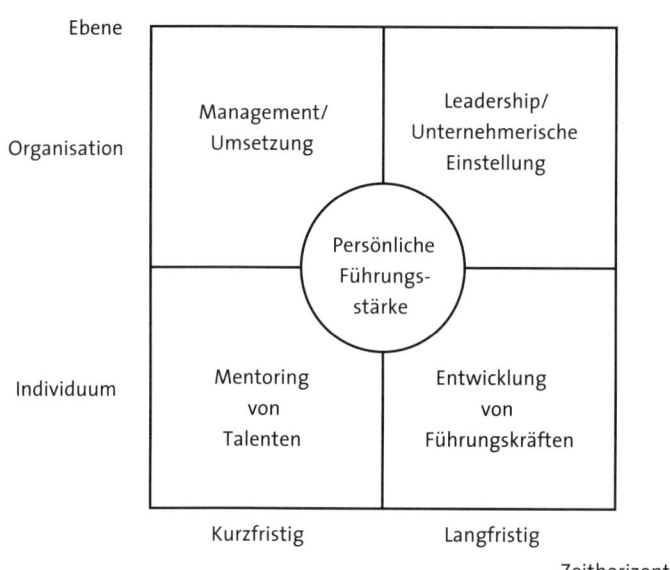

Abbildung 8: Fünf Dimensionen erklären 60 bis 70 Prozent der Kernfähigkeiten, die ein Führender besitzen muss (in Anlehnung an Ulrich/Smallwood, 2007).

Charisma ist also nicht immer ein Segen für das Unternehmen. Es gibt keine empirische Evidenz, dass Charisma für den nachhaltigen Erfolg eines Unternehmens von Vorteil ist.

Schlägt Charisma in Narzissmus um, wenn es für eigene, egoistische Zwecke eingesetzt wird und mit großer Eloquenz verbunden ist, kann es, wie die vielen Beispiele aus der Industriegeschichte zeigen, ein Unternehmen in den Untergang führen.

53

6 Die narzisstische Führungspersönlichkeit ist ein Risiko für das Unternehmen

„Die meisten Menschen aber machen ihre guten Werke durch Hochmut und grobe Worte widerwärtig. "
Seneca

Eng verwandt mit der charismatischen Führungspersönlichkeit ist die narzisstische Führungspersönlichkeit.[15] Die narzisstische Führungspersönlichkeit:

- will immer im Mittelpunkt der Aufmerksamkeit stehen,
- kümmert sich nicht um die Gefühle der Mitmenschen,
- spannt sie für ihre egoistischen Zwecke ein,
- manipuliert sie,
- fühlt sich besser als andere und zeigt dies auch,
- besteht darauf, dass jeder ihr den gebührenden Respekt erweist,
- bewundert sich selbst und ist von ihrer persönlichen Grandiosität überzeugt.

Eitelkeit ist eine gesellschaftliche Untugend

Auf ein Kennzeichen einer narzisstischen Führungspersönlichkeit sei hingewiesen: ihre *Eitelkeit.* Kennzeichen der Eitelkeit ist nach Guy Kirsch, Professor für Politische Ökonomie der Universität Fribourg, nicht die Selbsttäuschung, sondern die Irreführung anderer.[16] Stolze Unternehmer möchten bewundert werden, weil sie ein Unternehmen erfolgreich aufgebaut und für die Zukunft gesichert haben, eitle Unternehmer erwarten die Bewunderung ihrer Mitmenschen, weil ein Produkt ihren Namen trägt, in Wirklichkeit aber nicht im Unternehmen entwickelt wurde. Der stolze Professor möchte bewundert werden, weil er ein Buch geschrieben hat, der eitle erwartet die Bewunderung seiner Mitmenschen, weil ein Buch veröffentlicht wurde, auf dessen Einband sein Name prangt, das aber in Wirklichkeit seine Assistenten produziert haben. Eitle Menschen, so Guy Kirsch, machen nicht nur sich selbst, sondern auch anderen etwas vor; in einer immer komplexeren und immer weniger durchschaubaren Welt wird es immer schwieriger, eine Leistung dem zuzuordnen, der sie tatsächlich erbracht hat. Wenn es der narzisstischen Führungspersönlichkeit weniger um das Erbringen wirklicher Leistungen, sondern mehr um das Marketing von Leistungen geht, die er so nicht vollbracht hat, dann wirkt sich Eitelkeit nachteilig auf den langfristigen Erfolg des Unternehmens aus. „Wie klein ist das, was einer ist", so Wilhelm Busch, „wenn man's an seinem Dünkel misst".

Narzisstische Führungspersönlichkeiten sind dadurch gekennzeichnet, dass sie ihr Selbstwertgefühl durch von außen kommende Bestätigungen erhalten.[17] Wir alle sind in einem gewissen Maß über unsere persönliche Identität und unseren Wert empfindlich und versuchen auf eine Art zu leben, in der wir uns mit uns selbst wohlfühlen. Unser Selbstwert wird durch Anerkennung erhöht und durch Tadel verletzt. In einigen von uns geht die kontinuierliche Suche nach Bestätigung unseres Selbstwertes allerdings so weit, dass sie alle anderen Bemühungen so in den Schatten stellt, dass wir über alle Maßen auf uns selbst konzentriert erscheinen. Der Begriff der narzisstischen Führungspersönlichkeit bezieht sich auf diesen unverhältnismäßigen Grad der Sorge um sich selbst und nicht auf die übliche Empfindlichkeit gegenüber Anerkennung und Kritik. Interessant ist, was Goethe über die narzisstische Führungspersönlichkeit sagt[18]:

- Eitelkeit: (= „persönliche Ruhmsucht"): Goethe bekennt sich zu persönlicher Eitelkeit. Eitelkeit stört nicht den Träger, nur die Umwelt.
- Egoismus: Goethe akzeptiert nur den ethischen Egoismus = volle Entfaltung seiner Fähigkeiten im Dienst der Gemeinschaft.
- Stolz: Goethe lehnt Stolz im Sinne von Überheblichkeit ab, nicht im Sinn eigener Anerkennung seiner Leistung und des Bewusstseins seiner Verdienste.
- Arroganz: (= übersteigerter Stolz ohne begründete vergangene oder zukünftige Leistungen): Wird von Goethe abgelehnt und ironisiert.

Die narzisstische Führungspersönlichkeit besteht darauf, dass jeder ihr den gebührenden Respekt schuldet, will im Mittelpunkt der Aufmerksamkeit stehen (Selbstbewunderung), fühlt sich besser als die anderen (Arroganz), zeigt, wie außergewöhnlich sie ist, ist von ihrer persönlichen Grandiosität überzeugt.

Ein moderates Ausmaß an Narzissmus ist notwendig für exzellente Führungsleistungen. Ab einem bestimmten Niveau an Narzissmus neigen narzisstische Führungspersönlichkeiten zu extrem volatilen Leistungen: Sie führen die Organisation entweder (a) dynamisch und erfolgreich in die Zukunft oder (b) in den Untergang (Abbildung 9).

Destruktive narzisstische Führungspersönlichkeiten – es genügt hier auf die Schlagzeilen in den Zeitungen zu verweisen – haben die von ihnen geleiteten Unternehmen in den Untergang geführt. Von falschen Führungspersönlichkeiten trennt man sich in der Regel zu spät.[19]

„Eine ausreichende Portion Narzissmus … ist meines Erachtens notwendig, um als … Führer etwas bewirken zu können."[20] Dem gegenüber stehen aber auch große Gefahren: Die destruktiven Teile der Persönlichkeit – Abwertung von Personen und Teams, die nicht den eigenen Zwecken dienen, ungenügende Nutzung der Kreativität und Fähigkeiten der Mitarbeiter, Verfolgung einer Vision, der jeder Realitätssinn fehlt, unethisches Verhalten zur Verfolgung persönlicher Ziele – können eine Unternehmen in den Ruin führen.[21] Diese Gefahr ist umso größer, je unempfänglicher die narzisstische Führungspersönlichkeit für Ratschläge ist und je überempfindlicher sie auf alle Kritik reagiert.

Die narzisstische Führungspersönlichkeit: „High risk, high reward",
„big wins, big losses".

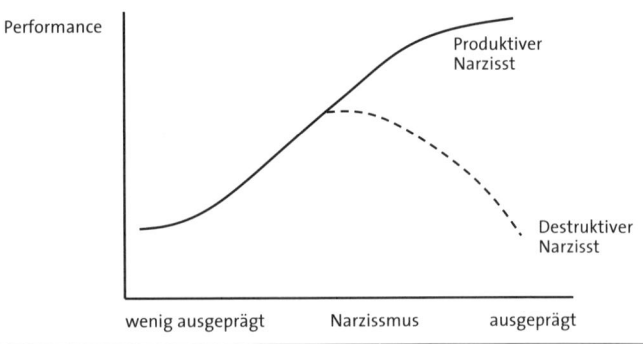

Abbildung 9: Die narzisstische Führungspersönlichkeit (in Anlehnung an Chatterjee/ Hambrick, 2007).

Destruktive narzisstische Führungspersönlichkeiten sind somit eine gravierende Gefahr für ein Unternehmen; für eine dauerhafte Führung eines Unternehmens sind sie nicht geeignet. Hildemann vertritt die These, dass narzisstische Führungspersönlichkeiten vielleicht für besondere Aufbruchs- und Übergangssituationen geeignet sind.

Collins[23] hat nachgewiesen, dass die Unternehmen, deren kumulierte Wertsteigerung in 15 Jahren wenigstens dreimal höher war als der Aktienmarkt, nicht von narzisstischen CEOs geführt wurden; er nennt diese Führungskräfte „Level – 5 leaders" und kennzeichnet sie wie folgt:

1. Individuelle Fähigkeiten,
2. Teamfähigkeiten,
3. Strategische Führungskompetenz,
4. Fähigkeit, Mitarbeiter zu Höchstleistungen anzuregen und
5. Demut, Bescheidenheit und Willensstärke.

Wie geht man mit narzisstischen Führungspersönlichkeiten um? Vier Regeln bewähren sich nach unseren Erfahrungen:

Umgang mit narzisstischen Führungspersönlichkeiten

Regel 1: Prüfe, wem du eine Führungsverantwortung übergibst.

Regel 2: Schaffe eine Führungskultur der Offenheit und des Vertrauens, besonders dann, wenn sich das Unternehmen in einer Umbruchsphase befindet.

Regel 3: Stelle der narzisstischen Führungspersönlichkeit besonnene, rational denkende und handelnde Führungskräfte zur Seite.

Regel 4: Hilf diesen Führungskräften, sich gegenüber narzisstischen Führungskräften zu behaupten.

In Zeiten einer raschen Veränderung kann der erste Eindruck, den wir auf andere machen, sehr wichtig für unsere Integrität und Aufrichtigkeit sein; in kleinen und stabilen Teams kennen sich die Mitarbeiter in ausreichendem Maß, so dass jeder den anderen aufgrund seiner Geschichte, Einstellung und Reputation beurteilen kann. Diese Beurteilung ist bei narzisstischen Führungspersönlichkeiten schwierig.

Narzisstische Führungspersönlichkeiten können bewundert und nachgeahmt werden. Die inneren Kosten des narzisstischen Ruhmes sind jedoch von Dritten selten und nur schwer zu erkennen. Der Schaden, der anderen in Verfolgung narzisstischer Strategien und Projekte zugefügt wird, kann allerdings in Form von banalen oder unvermeidbaren „Kollateraleffekten" der persönlichen Führungsstärke rationalisiert werden. Eine bekannte narzisstische Führungspersönlichkeit, deren Name in allen Zeitungen steht, hat das wie folgt ausgedrückt: „Man kann keine Eierspeise machen, ohne Eier zu zerbrechen."

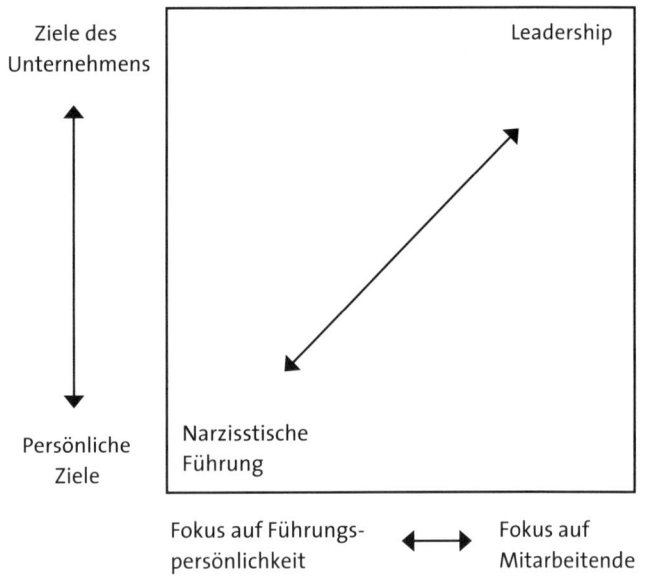

Narzisstische Führung als „Darstellende Kunst",
in der sich Führende ihrem Publikum „verkaufen", ...

Ziele des
Unternehmens

Leadership

Persönliche
Ziele

Narzisstische
Führung

Fokus auf Führungs-
persönlichkeit

Fokus auf
Mitarbeitende

... ist das Gegenteil von Leadership

Abbildung 10: Narzisstische Führung versus Leadership (in Anlehnung an Abfalter/Hinterhuber, 2010).

Das Interesse für das persönliche Prestige kann so weit gehen, dass die Bedürfnisse der Mitarbeiter und die Ziele der Organisation missachtet werden (Abbildung 10). Narzisstische Führung ist das Gegenteil von Leadership.[24]

7 Die strategische Führungskompetenz messen

> *„A leader who does not produce leaders*
> *is not a good leader."*
> Ram Charan

Strategische Führungskompetenz ist die Schnittfläche aus Leadership, Strategie und Veränderung (Abbildung 11). Sie ist die Voraussetzung, um in schwierigen Zeiten zu überleben und die notwendigen Anpassungen an die geänderten Verhältnisse einzuleiten.

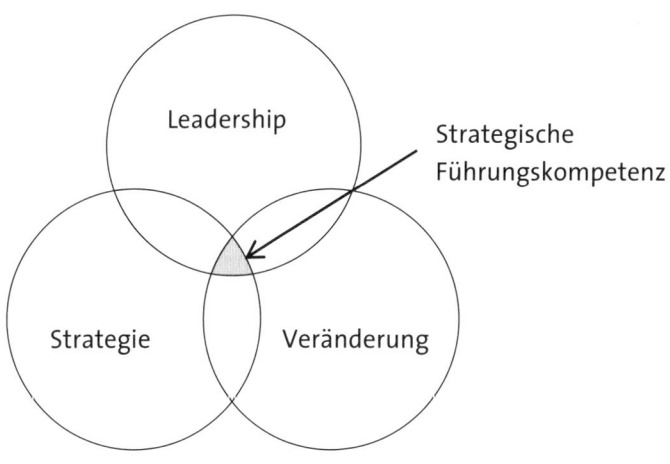

Abbildung 11: Strategische Führungskompetenz (in Anlehnung an Clawson, 2009, S. 14).

Die strategische Führungskompetenz einer Führungskraft lässt sich messen. Die folgende Selbstbeurteilungs-Übung (Fragebogen 3) zur strategischen Führungskompetenz soll Unternehmern und Führungskräften Anregungen geben, ihr eigenes Modell der Führung zu entwickeln, wie sie andere im positiven Sinne im Interesse des Unternehmens beeinflussen können.[25]

Führen heißt Energien in sich und in anderen mobilisieren

Die Selbstbeurteilungs-Übung beruht auf meinem in der Praxis bewährten Führungsmodell, das in einer Vielzahl von Unternehmen jeder Größenordnung und von Non-Profit-Organisationen angewandt wird (Abbildung 12).[26] In diesem Modell sind innen die Kosten, außen die Ergebnisse. Leadership verbindet den Innenbereich mit dem Außenbereich des Unternehmens. Die *Kernbotschaft* lautet: Führen heißt Ergebnisse bringen. Dazu müssen Energien mobilisiert werden, zuerst in einem selbst, dann in den anderen.

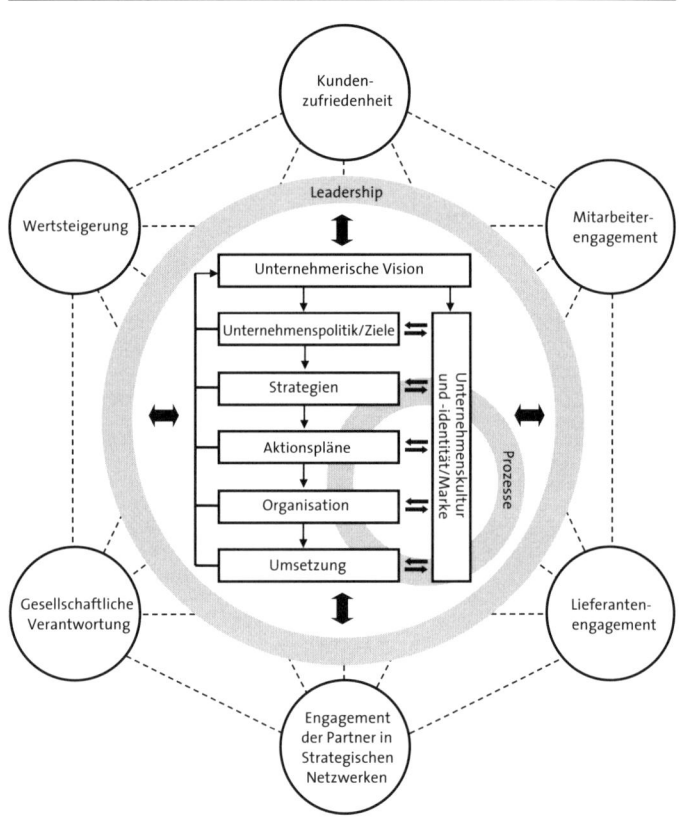

Abbildung 12: Leadership im Gesamtsystem der strategischen Unternehmensführung (Hinterhuber, 2010).

	Ja	Meistens ja	Meistens nein	Nein
1. Haben Sie eine unternehmerische Vision?	☐	☐	☐	☐
2. Kennt jede Führungskraft und jeder Mitarbeiter den Kernauftrag des Unternehmens?	☐	☐	☐	☐
3. Berücksichtigen Sie die Kernkompetenz Ihres Unternehmens, bevor Sie die Strategie entwickeln?	☐	☐	☐	☐
4. Kommunizieren Sie die leitenden Gedanken der Strategie Ihres Unternehmens nach innen und die Reputation des Unternehmens nach außen?	☐	☐	☐	☐
5. Schaffen Sie ein Umfeld und organisatorische Rahmenbedingungen, in denen Ihre Führungskräfte und Mitarbeiter ihre Handlungsfreiheit und ihre Energie im Interesse des Unternehmens nutzen können?	☐	☐	☐	☐
6. Wenn Sie mit anderen zusammenarbeiten, um ein bestimmtes Ziel zu erreichen, binden Sie sie aktiv und regelmäßig in die Entwicklung der Strategie ein, um dieses Ziel zu erreichen?	☐	☐	☐	☐
7. Steht die Führungskultur Ihres Unternehmens im Einklang mit den Strategien?	☐	☐	☐	☐
8. Weisen Sie als Unternehmer oder Führungskraft neue Richtungen und setzen Sie Dinge in Bewegung, die den Wert Ihres Unternehmens nachhaltig erhöhen?	☐	☐	☐	☐

9. Waren Sie in Ihrem bisherigen Leben vom Glück begünstigt?	☐	☐		☐		☐
10. Leisten Sie über die professionelle Erfüllung Ihrer unternehmerischen Verantwortung und Pflichten hinaus einen Beitrag zur gesellschaftlichen Entwicklung?	☐	☐		☐		☐

Wenn Sie diese Fragen überwiegend mit „Ja" oder mit „Meistens ja" beantwortet haben, dann beweisen Sie strategische Führungskompetenz!

Fragebogen 3: Selbstbeurteilungs-Übung zur strategischen Führungskompetenz (Quelle: Hinterhuber, H. H./Popp, W. (1992): Are You a Strategist or Just a Manager? Harvard Business Review 70, January–February 1992, p. 105–113, wieder abgedruckt in leicht modifizierter Form in: Carpenter, M. A./Sanders, W. G. (2009): Strategic Management. A Dynamic Perspective. Upper Saddle River, p. 66).

Haben Sie eine unternehmerische Vision?

Vision = Bedürfnis der Gesellschaft erfüllen

Henry Ford ist als erster überzeugt, dass das Automobil ein Fortbewegungsmittel für jedermann, nicht nur für eine Oberschicht sein soll. Steve und Wozniak schwebte als Vision die „Demokratisierung des Computers" vor. Am Anfang der unternehmerischen Tätigkeit von Gottlieb Duttweiler stand die Vision, die überkommenen Handelsstrukturen im Interesse der ärmeren Bevölkerungsschichten aufzubrechen. Enrico Mattei sah seine Vision in der relativen Unabhängigkeit Italiens in der Versorgung mit Erdöl und Erdgas. Der Rektor einer Schweizer Technischen Universität sieht seine Vision darin, die Bedingungen zu schaffen, die es einem Mitglied des Lehrkörpers erlauben, den Nobelpreis zu gewinnen.

Die Vision von Medtronic ist es, durch angewandte biomedizinische Technik zur Rehabilitation, Lebensverlängerung, Schmerzlinderung und Steigerung der Lebensqualität einen Beitrag zum Wohle der Menschen zu leisten.

Napoleons Vision war ein Vereinigtes Europa unter französischer Vorherrschaft; wie manche Visionen dieser Art stellte sich auch seine bald als Illusion heraus.

Finanzanalysten haben kein Interesse an einer Vision für eine bessere Welt. Die Mitarbeiter dagegen wollen wissen, wohin die Reise geht, ob sie Sinn macht und ob es sich lohnt, ihr Bestes zum Wohl des Unternehmens zu geben.

Diese und ähnliche Beispiele zeigen, dass am Anfang einer jeden unternehmerischen Tätigkeit, vor jeder größeren Umstrukturierung eines Unternehmens wie auch am Beginn eines jeden neuen Lebensabschnittes eine Vision steht oder stehen sollte. Die Vision eines Unternehmens ist mit dem Polarstern vergleichbar. Die wegsuchende Karawane in der Wüste, deren Landschaftsbild sich in Sandstürmen dauernd ändert, richtet ihre Reise an den Leitbildern des Himmels aus. Die Sterne sind eine sichere Orientierung für den Weg in die Oase, gleich aus welcher Richtung die Karawane diese anstrebt, mit welcher Reiseausstattung sie versehen und wie unwegsam das Gelände ist. Die Richtung der Oase wird der Karawane zwar von den Sternen gewiesen; um sicher in die Oase zu gelangen, müssen aber alle Beduinen erstens „mit einem Auge am Boden bleiben", denn sonst gerät die Karawane in Treibsand, und zweitens von den Orientierungsfähigkeiten und vom Realitätssinn des Karawanenführers überzeugt sein.

Vision am Anfang einer unternehmerischen Tätigkeit

Die Vision ist somit wie der Polarstern kein Ziel, sondern ein Orientierungspunkt, der eine Bewegung in eine bestimmte Richtung auslöst; wenn die Vision von Realitätssinn getragen, glaubwürdig ist und Herz und Verstand der Mitarbeiter anspricht, dann ist sie eine starke organisatorische und kanalisierende Kraft. Die Vision beantwortet die Frage: *„Welches Bedürfnis der Gesellschaft soll das Unternehmen erfüllen?"* Der Kernauftrag und die Ziele sollen auf der Linie der Vision liegen. Jede Führungskraft, die den Anspruch auf strategische Führungskompetenz hat, sollte deshalb in der Lage sein, ihre unternehmerische Vision in wenigen Sätzen klar und mitreißend auszudrücken.

Kennt jede Führungskraft und jeder Mitarbeiter den Kernauftrag des Unternehmens?

Der Kernauftrag betrifft den Mehrwert, den das Unternehmen mit seinen Produkten und Dienstleistungen, mit seiner Reputation und Marke den Kunden bietet. Der Kernauftrag beantwortet die Fragen: „Was macht den Kunden und dessen Kunden noch erfolgreicher und wettbewerbsfähiger? Was erhöht die Lebensqualität des Kunden und seiner Kunden? Welches sind die kritischen Erfolgsfaktoren des Kunden, zu deren Erfüllung jeder im Unternehmen beitragen muss? Welches zentrale Problem unserer Kunden lösen wir sichtbar besser als die Konkurrenten?" Eine alte Unternehmerweisheit lautet: „Wer kleine Probleme löst, verdient kleines Geld. Wer große Probleme löst, verdient großes Geld. Wer die Probleme weniger löst, verdient wenig Geld. Wer die Probleme vieler löst, verdient viel Geld."

Der Kernauftrag muss einfach und für jedermann verständlich sein, da jeder im Unternehmen in der Lage sein muss, die folgende Frage zu beantworten: „Was ist mein persönlicher, konkreter Beitrag zur Erfüllung des Kernauftrags?" „Ein schwieriger, komplizierter oder spitzfindiger Gedanke", so Walther Rathenau, der deutsche Reichsminister, Industrielle und Philosoph, „taugt in Geschäften so wenig wie im Leben. Jede große geschäftliche Idee lässt sich in einem Satz aussprechen, den ein Kind versteht. Hier wie überall liegt die Kunst in der Vereinfachung."

Der Kernauftrag des Hospitals zum Hl. Geist lautet: Steigerung des ganzheitlichen Wohlbefindens der Patienten. Der Kernauftrag der strategischen Geschäftseinheit eines Maschinenbauunternehmens, das Müllverbrennungsanlagen herstellt: Wir übergeben der nächsten Generation eine saubere Umwelt. Der Kernauftrag eines Schweizer Herstellers von Lüftungs- und Heizungssystemen für PKW und LKW: Wir erhöhen die Lebensqualität des Autofahrers, indem wir zu mehr Komfort im Wageninneren beitragen und dem Lenker eine angenehme, lärmfreie Fahrt ermöglichen.

Zur strategischen Führungskompetenz zählt demnach *die Fähigkeit, den Kernauftrag so klar und präzise zu formulieren, dass ihn jeder im Unternehmen kennt und seinen Beitrag zur Kundenzufriedenheit leisten kann.*

Ein klarer Kernauftrag ist wie ein guter Schlachtruf, und ein guter Schlachtruf ist, um mit Bernard Shaw zu reden, die halbe Schlacht.

Berücksichtigen Sie die Kernkompetenz Ihres Unternehmens, bevor Sie die Strategie formulieren?

Die gegenwärtige Zeit der Unsicherheit und des Übergangs zwingt alle Unternehmen, ihre Strategien, ihre taktischen Maßnahmen und ihre Routinen neu zu durchdenken. Im Mittelpunkt der Strategie, die im nächsten Abschnitt behandelt wird, steht bekanntlich der Kunde. Die Kundenfokussierung kann allerdings zu einem Problem werden, wenn sie auf vorübergehenden Kundenbedürfnissen beruht. Der Kunde ist zwar auf der einen Seite „König", häufig sogar Co-Produzent der Produkte und Dienstleistungen, auf der anderen Seite hat er aber auch nicht immer recht. Es ist selbstverständlich wichtig zu wissen, was der Kunde denkt, vor allem dann, wenn es um die Feinabstimmung eines Produktes oder einer Dienstleistung geht.

Kernkompetenz: Was hält den Wertsteigerungsmechanismus in Schwung?

Beispiele aus der Automobilindustrie

Saab

2000: von GM übernommen;
2008: Absatz: 93.000 Autos;
2009: Insolvenz.

Der sicher geglaubte Verkauf an Koenigsegg, Automative AB, scheitert im November 2009, obwohl das Spitzenmodell Saab 9-3 in seiner Kategorie zu den besten Autos zählt. Von der EIB erhält Saab im Oktober noch einen Kredit über 400 Millionen Euro, um die Forschung und Entwicklung von verbrauchsarmen Technologien und sicheren Autos voranzutreiben. Eine tragfähige Strategie fehlt. Ende 2009 verkauft GM die Technologie, nicht aber die Markenrechte an den niederländischen Nischenanbieter von Luxusautos Spyker Cars NV.

GM befragt die Kunden, was sie an früheren Modellen auszusetzen haben. Als Ergebnis werden das Design geändert, ein Opel-Motor eingebaut und kleinere Verbesserungen durchgeführt, die den Saab 9-3 schließlich den Konkurrenzmodellen von Audi und BMW ähnlicher machen als einem traditionellen Saab.

Die Ausrichtung an – vorübergehenden – Kundenwünschen nimmt dem Saab 9-3 seine Einzigartigkeit.

Mini

1994: von BMW übernommen;
2008: Absatz: 250.000 Autos;
2009: Marktführer in seiner Kategorie.

BMW behält nahezu alle historischen Merkmale bei, die den Mini unverwechselbar machen; die Marktforschung stuft viele dieser Merkmale – das Design, das Styling, die Innenausstattung, die Größe –, die auf die 1960er Jahre zurückgehen, als obsolet ein.

Der Kunde hat nicht immer recht.

Der Kunde hat nicht immer recht Die Gefahr der Marktforschung liegt darin, dass die Unternehmen in eine fast sklavische Abhängigkeit von ihren Kunden geraten, indem sie durch zunehmende Fokussierung und kontinuierliches Feedback ihren Handlungsspielraum auf die Abdeckung bestehender Bedürfnisse einengen. Qualität und Quantität werden vermischt. Die Qualitäten bleiben gleich und nur die Quantitäten ändern sich: weniger Benzinverbrauch, mehr PC-Leistung, schnellerer Service und dergleichen mehr. In einer sich rasch ändernden Welt führt inkrementales Denken nicht weiter. Etwa 90 Prozent der sogenannten neuen Produkte sind nichts weiter als „line extensions", die dem Kunden nur einen geringen Mehrwert bieten und nur geringfügig zur Wertsteigerung des Unternehmens beitragen. Die 10 Prozent der wirklich neuen Produkte dagegen begeistern den Kunden und erhöhen überproportional den Wert des Unternehmens.

Unternehmen können *qualitativen Wandel* nur wahrnehmen und daraus Nutzen ziehen, wenn sie an ihren Kernkompetenzen ansetzen und Bedürfnisse der Kunden befriedigen, die diese oft selbst nicht artikulieren können. Der iPod von Apple ist ein Beispiel für ein Unternehmen, das durch Ignorieren der artikulierten Bedürfnisse der Kunden und durch Vertrauen auf seine Kernkompetenz eine neue Problemlösung erfand, Vorurteile der Abnehmer überwand und seinen Wert nachhaltig dadurch erhöht hat, dass es die Bedürfnisse der Kunden erkannt hat, bevor diese sie selbst wahrgenommen haben.

Der Kunde ist folglich zwar der alleinige „Schiedsrichter" im Wettbewerb, entscheidend ist allerdings die Kernkompetenz eines Unternehmens, mit der ein Unternehmen die Kunden begeistern, eine Position der Einzigartigkeit erreichen und sich von den Wettbewerbern differenzieren kann; „differentiate or die" ist die Richtlinie unternehmerischen Denkens und Handelns (siehe Abschnitt II, 3).

Kernkompetenz entscheidend

Die Kernkompetenz ist die integrierte Gesamtheit von Fähigkeiten, Ressourcen, Technologien, Know-how, Prozessen und Einstellungen, die den Kunden noch erfolgreicher macht und den „Wertsteigerungsmechanismus" des Unternehmens in Schwung hält. Die Kernkompetenz von Swatch bezieht sich auf „emotionale Güter" und ist eine Kombination von Automatisierungstechnologie, Design und Marketing. Die Kernkompetenz von Benetton liegt auf der Prozessebene: Zuschnitt, Färbung, Design, Marketing und IT-gestützte Verkaufsinformationen werden von Benetton so beherrscht, dass dadurch der Markt für Freizeit-, Sport- und Kinderbekleidung revolutioniert wurde.

Ein Beispiel für die Übertragung einer Kernkompetenz von einem Bereich in einen ganz anderen findet sich in der Musikgeschichte im Köchelverzeichnis, abgekürzt KV, dem chronologisch-thematischen Verzeichnis sämtlicher Tonwerke Mozarts. Ludwig Ritter von Köchel (1800–1877), der in den Nachschlagewerken als Musikexperte genannt wird, war in Wirklichkeit Professor für Botanik und Mineralogie der Technischen Hochschule in Wien, der naturwissenschaftliche Methoden und persönliches Know-how für die Klassifizierung von Tonwerken benutzt hat.

Für die strategische Führungskompetenz ist die Frage entscheidend: *Sind Sie in der Lage, die Kernkompetenz Ihres Unternehmens so zu definieren, dass jeder in seinem Bereich einen Beitrag zu dessen Weiterentwicklung leisten kann?*

Ziel der Strategie **Kommunizieren Sie die leitenden Gedanken der Strategie Ihres Unternehmens nach innen und die Reputation Ihres Unternehmens nach außen?**

Strategie ist ihrem Wesen nach keine theoretische, sondern eine vitale und praktische Angelegenheit. Strategie ist, wie im nächsten Abschnitt dargestellt, ein integriertes Gesamtkonzept zur Erreichung von Zielen, ist Handeln unter großen Gesichtspunkten. Sie gibt die Richtung vor, in die sich das Unternehmen entwickeln soll. Die Strategie stellt sicher, dass der Weg, den das Unternehmen geht, kurzfristig sein Überleben sichert und es langfristig stärker macht.

Handeln unter großen Gesichtspunkten heißt, eine Vision dem Verständnis der Führungskräfte und Mitarbeiter nahebringen, die eine Richtung vorgibt und Sinn macht, in Übereinstimmung mit seinen Werten handeln, die Spielregeln im Markt zum Wohl der Kunden und im nachhaltigen Interesse des Unternehmens verändern, unartikulierte Bedürfnisse der Kunden erfüllen und dabei auf kurzfristige Vorteile verzichten, um Werte für die strategischen Stakeholder in einer langfristigen Perspektive zu schaffen, den Mitarbeitern helfen, ihr höchstes Leistungspotential zu erreichen, strategische Führungskompetenz mit Weisheit verbinden, in allen Entscheidungen das rechte Maß finden. Abschnitt VI zeigt Beispiele für Handeln unter großen Gesichtspunkten.

68

Wer strategische Führungskompetenz besitzt, muss in der Lage sein, folgende Fragen zu beantworten und proaktiv zu kommunizieren (siehe Abschnitt II, 5):

1. Wo wollen wir konkurrieren, heute und morgen? Wo nicht?
2. Wie wollen wir dort, wo wir konkurrieren, gewinnen?
3. In welchem Verhältnis stehen Kundenwert und Kosten?
4. Haben wir die richtigen Mitarbeiter, nutzen wir deren Talente?
5. Gewinnen wir in einem überschaubaren Zeitraum das investierte Kapital zurück und verdienen wir dabei unsere Kapitalkosten?

Die Führungskräfte müssen die unternehmerische Vision, den Kernauftrag und die Kernkompetenz sowie die strategischen Absichten kennen, um nach diesen selbst dann zu streben, wenn die Wettbewerbssituation und die Umstände es erfordern sollten, anders zu handeln, als mit der Unternehmensleitung abgestimmt war. Bismarck hat in einem Gespräch einmal gesagt: „Mut auf den Schlachtfeldern ist bei uns Gemeingut. Aber sie werden nicht selten finden, dass es ganz achtbaren Leuten an Zivilcourage fehlt." Gemeint ist der Mut, für seine Überzeugung einzutreten und auch *gegen* Richtlinien und Zielvereinbarungen zu handeln, wenn dadurch die strategischen Absichten besser verwirklicht werden können als in passivem oder vorauseilendem Gehorsam.

Zivilcourage und Mut notwendig

Wie durch Innovation die Kunden wettbewerbsfähiger gemacht werden

Regel Nr. 1: Analysiere aus der Sicht des Kunden dessen Wertschöpfungskette und alle Schritte, die er im Umgang mit dem Produkt oder der Dienstleistung macht.

Regel Nr. 2: Stelle dir bei jedem Schritt die Frage, welche Wichtigkeit dieser Schritt für den Kunden hat und wie zufrieden er damit ist.

Regel Nr. 3: Organisiere eine „dreaming session" mit den wichtigsten Kunden.

Regel Nr. 4: Konzentriere deine Innovationsbemühungen auf die Schritte, die für den Kunden wichtig sind und mit denen er nicht zufrieden ist.

Regel Nr. 5: Bilde ein Team aus Mitarbeitern, die du für diese Aufgabe begeistern kannst, und vereinbare herausfordernde Ziele.

Regel Nr. 6: Nichts bringt eine Innovation schneller um als der Versuch, sie zu managen.

Strategische Führungskompetenz beweist, wer die Strategie nach innen und die Reputation des Unternehmens nach außen kommuniziert, so dass klar wird, dass die Führungsqualität ein Schlüsselfaktor für den nachhaltigen Erfolg ist.

Schaffen Sie ein Umfeld und organisatorische Rahmenbedingungen, in denen Ihre Führungskräfte und Mitarbeiter ihre Handlungsfreiheit und ihre Energie im Interesse des Unternehmens nutzen können?

Zwischen der realen und der formalen Organisation besteht immer eine gewisse Divergenz. Es ist sogar wünschenswert, dass sich – innerhalb bestimmter Grenzen – eine solche Divergenz bildet: Fähige Unternehmer und Führungskräfte führen bewusst Elemente der Elastizität und der Unbestimmtheit in das Organisationssystem ein, um herausragenden Mitarbeitern die Möglichkeit zu bieten, sich auf eine nicht von der Organisation vorgesehene, jedoch mit dem Interesse des Unternehmens übereinstimmende Weise durchzusetzen.

Jedem ermöglichen, sein Bestes zu geben

Der Grad der strategischen Führungskompetenz zeigt sich deshalb darin, ob und in welchem Maße der Unternehmer und die Führungskräfte um sich herum ein Umfeld geschaffen und eine Organisation aufgebaut haben, die kreatives, unternehmerisches Verhalten der Mitarbeiter fördert und eine wirksame Umsetzung der Strategien erlaubt.

70

Wenn die Führungskräfte die unternehmerische Vision, Kern-kompetenz und den Kernauftrag sowie die strategischen Absichten nicht kennen, liegt die Schuld weniger bei ihnen als vielmehr in einem Mangel an strategischer Führungskompetenz seitens der Unternehmensleitung, die ihrer Verantwortung nicht nachgekommen ist. Ohne innovationsfördernde Rahmenbedingungen ist selbständiges und initiatives Handeln der Führungskräfte im Interesse des Unternehmens nicht möglich.

Der Vorteil, den der Unternehmer und die obersten Führungskräfte durch ein fortgesetztes, persönliches Eingreifen zu erreichen glauben, ist meist nur ein scheinbarer. Sie übernehmen damit Funktionen, zu deren Erfüllung andere Personen bestimmt sind, und verzichten mehr oder weniger auf deren Leistungen; sie vermehren die Aufgaben ihrer eigentlichen Führungstätigkeit in einem solchen Maß, dass sie diese nicht mehr sämtlich zu erfüllen vermögen. Diese Gedanken, die sich bereits bei Moltke finden, legen zwei Fragen zur Beurteilung der strategischen Führungskompetenz der Unternehmensleitung nahe:

a) *Sind alle Führungspositionen mit unternehmerisch denkenden und handelnden Personen besetzt?*
b) *Erlauben die organisatorischen Rahmenbedingungen und das Umfeld kreatives, unternehmerisches Handeln auf allen Verantwortungsebenen des Unternehmens?*

Wenn Sie mit anderen zusammenarbeiten, um ein bestimmtes Ziel zu erreichen, binden Sie sie aktiv und regelmäßig in die Entwicklung der Strategie ein, um dieses Ziel zu erreichen?

Die strategische Planung ist Aufgabe der Linienführungskräfte, die für deren Umsetzung verantwortlich sind. Der Schlüssel zu einer erfolgreichen Ausführung der Strategien ist das Involvieren der Linienführungskräfte in den strategischen Planungsprozess (siehe Abschnitt II).

Strategieplanung mit Linienführungskräften

Die entscheidende Frage ist: *Sind die Linienführungskräfte in den Prozess der Strategieplanung involviert?* Sind sie es nicht, kann der Unternehmensleitung kein hoher Grad der strategischen Führungskompetenz bescheinigt werden.

Steht die Führungskultur Ihres Unternehmens im Einklang mit den Strategien?

Führungskultur und Strategie in Einklang bringen

Herausragende Unternehmen sind sowohl das Ergebnis kollektiver organisatorischer Leistungen als auch das Produkt herausragender Unternehmer und Führungskräfte, die mit ihrer Vision, ihren Strategien, ihrer Organisation, mit der Auswahl und Entwicklung der richtigen Mitarbeiter und mit ihren Werten die Grundlagen für eine nachhaltige Entwicklung des Unternehmens gelegt haben. Es sind die gelebten und vorgelebten Werte, die die Identität eines Unternehmens ausmachen. Die grundlegenden Werte wie Integrität, Glaubwürdigkeit, Kundenorientierung, Leistung, harte Arbeit, unternehmerisches Verhalten, Mut, Fairplay, Toleranz, Neugier, unbedingtes Bekenntnis zur gemeinsamen Sache müssen im Lichte der Veränderung des Umfeldes immer wieder neu interpretiert, kommuniziert und wirksam vorgelebt werden. Die Schlüsselfrage, die zur Erfassung der strategischen Führungskompetenz gestellt werden muss, lautet: *Stimmt die Führungskultur mit den Strategien überein?*

Je höher die Übereinstimmung, desto höher ist der Grad der strategischen Führungskompetenz.

Unternehmen eine Lebensschule

Eine Atmosphäre größtmöglicher Kreativität kann nur bei einem weitgehenden Abbau hierarchischer Elemente geschaffen werden. Ein Unternehmen kann eine *Führungsschule* oder eine *Lebensschule* sein; theoretisch könnte sie beides sein, in Wirklichkeit ist sie es selten. Sie ist eine Führungsschule, wenn unternehmerisches Denken auf allen Verantwortungsebenen engagiert umgesetzt wird. Das Unternehmen ist eine Lebensschule, wenn die Vision des Unternehmers, sein Einsatz und Vorbild, die Führung „auf Sicht" aus dem Unternehmen eine kleine Welt und nicht nur eine zielgerichtete Organisation machen. Diese kleine Welt ist nicht nur ein gut funktionierender Organismus, sondern eine Einrichtung, die auch zu leben lehrt, in der Toleranz, Vertrauen, Kultur, Ästhetik, Geschmack und Humor auf einer gemeinsamen strategischen Grundlinie gepflegt und Erfolge gefeiert werden, die der Arbeit des Einzelnen Sinn verleiht und auch nicht messbare Erwartungen belohnt. Mitarbeiter in Unternehmen, die Lebensschulen sind, übertragen die Arbeitsethik und den Stil, mit dem die Aufgaben angegangen werden, nach außen. Unternehmen, die gleichzeitig Lebensschulen sind, gibt es wenige. Es ist zu befürchten, dass es in der postindustriellen Gesellschaft noch weniger werden, wenn die Selbstentfaltung des Einzelnen von seiner Selbstentfaltung in der Arbeit getrennt wird. Es gehört aber bekanntlich zu den Aufgaben eines Unternehmers, sich so zu verhalten, dass er in jedem Augenblick von seinen Leuten fotografiert werden und dass er jedes seiner Worte morgen in der Zeitung lesen könnte, ohne ein negatives Bild abzugeben.

Weise ich als Führungskraft neue Richtungen und setze ich Dinge in Bewegung, die den Wert des Unternehmens nachhaltig erhöhen?

Suchen wir uns darüber Rechenschaft abzuleben, worin die Größe strategischer Führungskompetenz besteht, so gelangen wir zu merkwürdigen, den ersten Erwartungen widersprechenden Ergebnissen: Der Wert großer Unternehmer oder Führungskräfte scheint mehr darauf zu beruhen, dass sie gelebt und weniger in dem, was sie getan haben. Denn alle großen unternehmerischen Leistungen werden überholt. Woran liegt nun *das Bleibende strategischer Führungskompetenz?* Es liegt:

Wert großer Unternehmer

- in den Richtungen, die große Unternehmer und Führungskräfte wiesen, und nicht in den Grenzen, die sie setzten,
- in dem, was sie ins Leben riefen, und nicht in dem, was sie abschlossen, in den Fragen, die sie aufwarfen, und nicht in den Antworten, die sie für diese fanden,
- auf den Wegen, die sie beschritten, und nicht auf den Zielen, die sie erreichten, und
- in den Mitarbeitern, die sie auswählten und die ihre Vision entsprechend den stets sich ändernden Verhältnissen fortbildeten.

Das Bleibende strategischer Führungskompetenz scheint, um mit dem Philosophen Hermann Graf Keyserling zu reden, mehr im Sein als im Können, mehr in der Spontaneität als in

73

der Ausbildung, mehr in der Ursprünglichkeit und Intuition als in der Bildung, mehr in der menschlichen Überlegenheit und Größe als in bestimmten Sonderfähigkeiten zu liegen.

Eine indische Fabel vermag anzudeuten, was Sein heißt: Ein Mann ging zu einem Berg und sagte: „Was für ein Narr du doch bist, o Berg! Du kennst weder deine Größe, noch deine Höhe, noch deine Form. Ich aber weiß alles über dich!" Der Berg überlegte eine Weile und sagte dann: „Es stimmt, dass ich dies nicht weiß; aber ich, *ich bin der Berg*!" Nicht was ein Mensch weiß oder hat, ist wichtig, sondern was er „ist", das heißt, welchen Grad von Bewusstheit, von Verständnis von sich und anderen sowie der Welt er erlangt hat. Das Sein eines Menschen zeigt sich darin, *wie* einer denkt, fühlt und handelt.

Die entscheidende Frage ist nun: Ist der Unternehmer oder die Führungskraft in der Lage, Richtungen zu weisen, Dinge ins Leben zu rufen, Fragen aufzuwerfen, Wege zu beschreiten und Mitarbeiter anzuziehen, die Jahrzehnte nachwirken und eine nachhaltige Wertsteigerung des Unternehmens sichern?

Wer diese Frage mit ja beantworten kann, dem muss mit Recht ein hoher Grad strategischer Führungskompetenz eingeräumt werden. Was ein Unternehmer oder eine Führungskraft in einer Vision aufrührt und einleitet, kann Jahrzehnte nachwirken, was er jedoch an einzelnen Problemlösungen angeboten hat, ist oft bereits nach kurzer Zeit überholt.

Immer vorbereitet sein Zum Sein eines Individuums gehört auch die Fähigkeit, immer vorbereitet zu sein. Moltke ist das herausragende Beispiel eines Mannes, der das Geheimnis kannte, immer vorbereitet zu sein, für jede Situation ein „System von Aushilfen" parat zu haben, und der die selbstverständliche Autorität seiner Persönlichkeit und seines Wesenskerns auf die Mitarbeiter übertrug. Der Maßstab für das Sein eines Menschen ist letzten Endes seine Echtheit. Wer in Bezug auf sich selbst wie auf die anderen vollkommen wahrhaftig ist, wer nichts vorstellt noch beansprucht, was ihm nicht entspricht, wessen Sachliches sich mit dem Persönlichen deckt, der ist echt.

74

Strategische Führungskompetenz beruht weniger darauf, dass andere sie anerkennen, auch nicht auf Prestige, sondern auf der authentischen Ausstrahlung des eigenen Seins. Alle echten unternehmerischen Leistungen, alle vorgelebten Werte und Einstellungen machen auf das Dasein dieser Ausstrahlung aufmerksam; strategische Führungskompetenz muss bemerkt werden, um sich auswirken zu können.

War ich in meinem bisherigen Leben vom Glück begünstigt?

Zum Unternehmer oder zur Führungskraft gehört auch die Fähigkeit, das Glück anzuziehen, das heißt, sich in eine Position zu begeben, in der einen das Glück begünstigt. Man darf nie vergessen, wie wenig oft erfolgreiche Unternehmer und Führungskräfte persönlich für ihren Erfolg können. Wenn nicht zahlreiche andere Kausalketten mit derjenigen konvergieren, die den Lebenslauf des Unternehmers oder der Führungskraft persönlich verkörpert, so hat er keinesfalls das, was man Glück nennt, und ohne dieses geht es nicht. Napoleon glaubte deshalb an die Übermacht der *forces des choses,* und Moltke sagte: „Aber Glück hat auf die Dauer doch zumeist wohl nur der Tüchtige." (siehe Abschnitt V, 8).

Das Glück anziehen

Denn nur derjenige kann seine Aufgabe mit Aussicht auf Erfolg angehen, der sich ihr entweder aus innerster Überzeugung gewachsen fühlt oder der seinem Glück vertraut, dass ihm wirklich Gott mit dem Amt auch den Verstand gibt. Von Glück zu sprechen heißt hier nicht von Zufälligkeiten zu reden, sondern von dem Eintreten der so oft beobachteten Entwicklung, dass die Not und die Dringlichkeit, die in jeder Aufgabe liegen, die im Menschen lebenden, für eine solche Aufgabe notwendigen Eigenschaften anziehen, stärken und entwickeln.

Deshalb die Frage: „*War er oder sie im bisherigen Leben vom Glück begünstigt?*" Wenn man davon ausgeht, dass der Mensch durch sein Sein das Schicksal anzieht, dann folgt, dass der Grad der strategischen Führungskompetenz umso höher ist, je mehr jemand bisher vom Glück begünstigt war.

Leiste ich über die professionelle Erfüllung meiner unternehmerischen Verantwortung und Pflichten hinaus einen Beitrag zur gesellschaftlichen Entwicklung?

Strategische Führungskompetenz ist, wie Peter Drucker immer wieder betont hat und wie auch Abbildung 12 zeigt, die Verbindung zwischen dem, was sich im Unternehmen, und dem, was sich außerhalb des Unternehmens abspielt – in der Gesellschaft, Wirtschaft, Technologie, auf den Märkten, bei den Kunden; im Unternehmen gibt es nur Kosten, die Ergebnisse entstehen außerhalb (Abbildung 13).

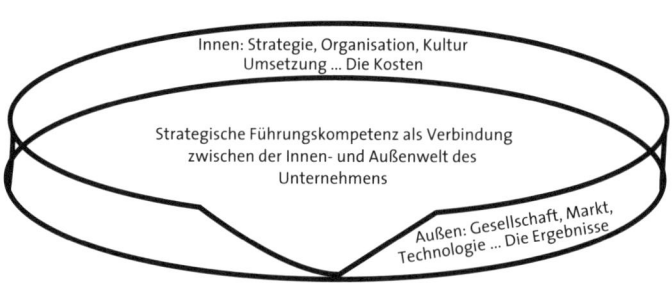

Abbildung 13: Strategische Führungskompetenz als Möbiussche Fläche.

Strategische Führungskompetenz umfasst das gesamte Unternehmen in seinen Beziehungen zu den strategischen Stakeholdern und zur Gesellschaft in einer langfristigen Perspektive. Unternehmer oder Führungskräfte, die einen hohen Grad der strategischen Führungskompetenz besitzen, mögen sich im Einzelnen irren, in der Vision, in den Werten und in der Fortbildung der leitenden Idee entsprechend den stets sich ändernden Verhältnissen irren sie sich nicht. Sie erfassen Gesamtzusammenhänge intuitiv, stehen über den Dingen und identifizieren sich nicht mit diesen; sie besitzen das, was man „Helikopterfähigkeit" nennt, und erleben unternehmensinterne und externe Zusammenhänge sowie Strategieformulierung und -umsetzung bewusst als Ganzheit. Sie werden auch umgekehrt von solchen Ganzheiten bewusster und direkter berührt als von Einzelereignissen.

Dieser hohe Grad der strategischen Führungskompetenz kann nur durch lebenslange Arbeit an sich selbst erreicht werden. Daher die absolute Unmöglichkeit für einen Unternehmer oder für eine Führungskraft, die diesen Namen wirklich verdient, sich jemals am Ziel zu wähnen, jemals seine Aufgabe darin zu sehen, eine nicht mehr zu verbessernde Problemlösung anzubieten oder ein zusammenfassendes „letztes Wort" zu sagen.

Etwas mehr leisten und das Leben der Menschen besser machen

Dieses Etwas, das es über die professionelle Erfüllung der unternehmerischen Pflichten hinaus noch zu erreichen gilt, kann vielleicht am schönsten mit den Worten Robert Louis Stevensons umschrieben werden: „Erfolg im Leben hat der gehabt, der anständig gelebt, oft gelacht und viel geliebt hat; der die Achtung kluger Männer und die Liebe der Kinder gewann; der seinen Platz und seine Aufgaben bewältigt hat, der die Welt besser zurücklässt, als er sie vorfand. Sei es durch eine verbesserte Mohnsorte, ein vollkommenes Gedicht oder eine gerettete Seele; der stets die Schönheit der Natur zu schätzen wusste und das auch zu erkennen gab; der das Beste in anderen sah und selbst sein Bestes gab."

Die Schlussfrage lautet: *„Was haben wir getan, um die Welt besser zurückzulassen, als wir sie vorgefunden haben?"*

8 Zusammenfassung für den eiligen Leser

> *„Der Mensch ist manchmal seines Schicksals Meister:*
> *Nicht durch die Schuld der Sterne, durch*
> *eigene Schuld nur sind wir Schwächlinge."*
> William Shakespeare

Die heutige Situation der Unsicherheit und des Übergangs mit einem hohen Maß an Überraschungen und Volatilität ist eher als „normal" zu werten als die hochkonjunkturellen Bedingungen der vergangenen Jahre, die mit Hilfe des Größenwachstums manche Fehlentscheidungen praktisch konsequenzlos zugelassen hatten. Die große Herausforderung für die Unternehmen besteht in der Bewältigung des Unerwarteten und nicht in der Extrapolation von Erfolgsrezepten der Vergangenheit. Die Rechtfertigung der unternehmerischen Tätigkeit liegt in der Fähigkeit der Führungskräfte, das Unerwartete, das Nichtvorhersehbare nachhaltig und effizient im Sinn der strategischen Stakeholder zu meistern. An den Grundprinzipien der Führung hat sich nichts geändert. Unternehmer und Führungskräfte brauchen eine Vision und/oder einen Kernauftrag, sie müssen Vorbild sein, Werte für die Kunden, die Mitarbeiter und die Anteilseigner – in dieser Reihenfolge – schaffen, sie müssen die Werte leben, die sie predigen, das Verhalten der Mitarbeiter im positiven Sinn beeinflussen, die Strategie entwickeln und die Organisation gestalten: All das hat sich nicht geändert.

Die Komfortzone verlassen Die Krise zwingt jedoch jeden, über die Grenzen seiner bisherigen Leistungsfähigkeit hinauszugehen und seine Komfortzone zu verlassen. Wir können nicht andere Ergebnisse erwarten, wenn wir die gleichen Dinge tun wie bisher. Wir müssen deshalb neue Gewohnheiten, neue Einstellungen und neue Routinen entwickeln. Solange wir innerhalb unserer bisherigen Grenzen, unserer Komfortzone, agieren, werden die Dinge nicht besser. In dem Maß, wie die Arbeit zur Gewohnheit wird, verflüchtigen sich Kreativität und Innovation.

Das verfügbare Einkommen der Kunden wird voraussichtlich über einen längeren Zeitraum schrumpfen. Unternehmen müssen sich deshalb auf niedrigere Wachstumsraten in Höhe von etwa 2 Prozent einstellen. Das bedeutet mehr Wettbewerb nicht nur in der Auseinandersetzung mit den Konkurrenten, sondern auch mit immer kritischeren und wachsameren Kunden. Die Kunden prüfen genau die Legitimationsbasis der angebotenen Produkte und Dienstleistungen und erwarten entsprechende Informationen. Die Nachhaltigkeit im Sinne einer ökologischen Ethik tritt in den Vordergrund.

In schwierigen Zeiten sind unternehmerisch denkende und handelnde Menschen gefragt. Ein Unternehmer ist, wie Nicolas G. Hayek zeigt, nicht der Inhaber eines Unternehmens. Ein Unternehmer ist der, dessen Geisteshaltung, Einstellung und Verhalten alle unternehmerischen Eigenschaften umfasst. Eine Selbstbeurteilungs-Übung ermöglicht es, festzustellen, ob man mehr ein Leader/Unternehmer oder mehr ein Manager ist, und zu erfahren, woran man einen Führenden erkennt.

Die Hauptergebnisse der vorliegenden Ausführungen sind:

- Der Mann oder die Frau an der Spitze oder ein Führungsteam mit Spitze ist entscheidend für den nachhaltigen Erfolg des Unternehmens.

- Ein Unternehmen braucht in der Regel keine charismatische Führungspersönlichkeit.

- Die narzisstische Führungspersönlichkeit ist, wenn sie destruktiv ist, ein großes Risiko für das Unternehmen; sie kann einen signifikanten negativen Einfluss auf die langfristige Wertsteigerung des Unternehmens haben.

- Der produktiven narzisstischen Führungspersönlichkeit müssen gewissenhafte, rational denkende und handelnde Führungskräfte zur Seite gestellt werden.

Führen in einer Zeit der Unsicherheit und des Übergangs heißt:

- über die Grenzen unserer bisherigen Leistungsfähigkeit hinausgehen, neue unternehmerische Einstellungen und neue Routinen entwickeln, Zuversicht ausstrahlen, auch wenn man sich der Sache nicht ganz sicher ist;

- das Unternehmen nicht nur an geänderte Situationen anpassen, sondern häufig auch, dieses nachhaltig neu zu orientieren oder zu erfinden;

- Energien mobilisieren, zuerst in sich selbst, dann in anderen;

- die eigenen Leadership-/unternehmerischen Fähigkeiten und Management-Fähigkeiten messen, kritisch reflektieren und je nach Situation verbessern;

- Bürokratie und Routine zerschlagen.

Nasreddin und sein Sohn sind mit dem Esel unterwegs. Er lässt seinen Sohn auf dem Esel reiten und geht selbst zu Fuß. Auf dem Weg treffen sie einige Wanderer, die sagen: „Seht euch den jungen, kräftigen Burschen an! Das ist die heutige Jugend! Sie hat keinen Respekt vor dem Alter. Der arme, alte Vater muss zu Fuß gehen!"

Der Junge ist sehr beschämt, steigt ab und lässt seinen Vater aufsitzen. Wenig später begegnen ihnen andere Menschen, die sagen: „Seht euch das an! Der arme, kleine Junge muss laufen, während der rüstige Vater auf dem Esel reitet!"

„Das Beste, was uns zu tun übrig bleibt", meint der Junge, „ist, dass wir beide zu Fuß gehen. Dann kann uns niemand Vorwürfe machen".

Sie setzen ihre Reise zu Fuß fort. Sie treffen wieder andere Menschen, die sagen: „Seht euch diese Narren an. Beide gehen in dieser brennenden Sonne zu Fuß, und keiner von ihnen benützt den Esel!"

Daraufhin besteigen Vater und Sohn den Esel. Sie begegnen wieder anderen Menschen, die empört von Tierquälerei sprechen. Daraufhin meint der Sohn, dass es wohl das Beste sei, den Esel zu tragen. Sie tragen nun mühsam den Esel, der allerdings auf einer Brücke ausschlägt, in den Fluss stürzt und ertrinkt.

„Da siehst du", sagt Nasreddin, „wie schwer es doch ist, der Kritik der Menschen zu entgehen".

Eine Moral von der Geschichte

Es ist unmöglich, es allen strategischen Stakeholdern recht zu machen oder jeden zufriedenzustellen. Das kann nicht einmal der liebe Gott. Wer es trotzdem versucht, wird wie der Esel in der Geschichte enden. Leadership heißt, Entscheidungen treffen, wo kein Konsens möglich ist.

II Gute Strategien von schlechten unterscheiden

1   Forschungsprojekt „Best Practices"

„Ich habe bemerkt, dass die Strategie nicht auszulernen ist und dass, wenn man sich mit Ernst derselben widmet, man immer Neues entdecken kann."
Napoleon

Napoleon diktierte diesen Satz im Exil auf St. Helena. Er war als Ratschlag für zukünftige Feldherren gedacht, sich laufend im strategischen Denken und Handeln weiterzubilden, gleichzeitig auch die Unterführer durch entsprechende Anregungen auf höhere Führungsaufgaben vorzubereiten.

Strategie nicht auszulernen Diese Ansicht Napoleons hat seine Gültigkeit bis heute nicht verloren. In der Welt der Unternehmen wie auch im praktischen Leben sind eine gute Strategie und eine wirksame Führung die Grundvoraussetzungen für den Erfolg.

Im Folgenden werden die Ergebnisse einer Studie von Hinterhuber & Partners vorgestellt, die zeigen, wie sich gute von schlechten Strategien unterscheiden lassen.

In den vergangenen fünf Jahren untersuchten Hinterhuber & Partners die Praxis des strategischen Denkens und Handelns in mehr als 230 Geschäftseinheiten von 50 Unternehmen weltweit. Dabei haben wir festgestellt, dass in drei von vier Fällen eine Strategie verfolgt wird, die schlecht ist oder ihren Namen nicht verdient („Schein-Strategie"). Die Verfolgung einer schlechten Strategie schwächt das Unternehmen und kann dazu führen, dass das Unternehmen zerschlagen/verkauft wird – oder Konkurs anmeldet. Gute Strategien schaffen die Basis für langfristig überdurchschnittlichen Erfolg. Wir zeigen auf, wie Unternehmer und Führungskräfte gute von schlechten Strategien trennen und in ihrem Verantwortungsbereich dazu beitragen können, die Qualität der Strategie zu verbessern.

Strategie immer relevant Strategie ist relevant – nicht nur für Mitglieder des Vorstandes. Wer für einen Geschäftsbereich, eine Abteilung, eine Vertriebsorganisation, eine Produktlinie, eine Tochtergesellschaft eines Konzerns, ein Kundensegment verantwortlich ist, muss sich die Fragen stellen: Ist die von mir verantwortete Unternehmenseinheit heute so erfolgreich, wie sie es bestenfalls sein könnte – schöpfe ich heute ausreichend Potential aus? Und zweitens: Wohin geht die Reise – wie stelle ich sicher, dass ich auch morgen noch über ausreichend Wachstumsperspektiven verfüge?

Strategie ist auch dann relevant, wenn das Unternehmen oder die Geschäfteinheit heute bereits erfolgreich ist. Unternehmen wie Hoechst AG, Schering AG, Mannesmann AG, Amoco, Mobil, Gillette, AT&T, Aventis SA und andere waren „erfolgreich" im dem Sinne, dass keines von ihnen in einer finanziellen Krise stand und dass diese Unternehmen die Kapitalkosten erwirtschafteten, also Wert schufen. Dennoch verschwanden alle diese Unternehmen vom Markt – ausnahmslos. Der Grund? Es fehlte eine Strategie und es gab jemanden – einen neuen Eigentümer –, der davon überzeugt war, dass das betroffene Unternehmen mit einer neuen Strategie und unter neuen Eigentümern besser dastehen würde als zuvor. Gute Strategien sichern also Gegenwart und Zukunft eines Unternehmens. Schlechte Strategien gefährden die Existenz eines Unternehmens, selbst wenn dieses heute erfolgreich ist.

Es gibt kein Unternehmen, das von sich aus behaupten würde, keine Strategie zu verfolgen. Es gibt allerdings wenig Unternehmen, in denen eine Strategie auch ihren Namen verdient.

In unserer Studie suchten wir das Gespräch mit Mitgliedern des Vorstandes, Leitern der Strategischen Planung, Business-Unit-Leitern, Leitern von Stabsstellen, die sich mit strategischer Planung beschäftigen (beispielsweise mit Leitern von Business-Development-Bereichen) und anderen kreativen Köpfen, die oft auf einer Ad-hoc-Basis in den Strategieprozess mit eingebunden wurden. Dabei stellten wir bewusst nicht nur Fragen zur Qualität des strategischen Denkens und Handelns im eigenen Haus – uns ging es hier auch darum, führende Unternehmen aufzuspüren, die nicht in unserer ursprünglichen Datenbasis enthalten waren. In vielen Fällen erhielten wir dadurch interessante Hinweise auf oft kleinere Firmen, die

Nur 25 Prozent der Unternehmen haben eine Strategie

zwar in einschlägigen Publikationen nicht für die Qualität des Strategieprozesses bekannt sind, sich aber dem Thema der Strategie auf eine eigene, oft sehr effektive und kreative Art genähert hatten.

Dabei stellten wir fest, dass nur etwa 25 Prozent der untersuchten Geschäftseinheiten eine klare Strategie aufweisen. In anderen Worten: 75 Prozent der Geschäftseinheiten verfolgen eine Strategie, die diesen Namen nicht verdient. Welche Art der Strategie in diesen Unternehmen verfolgt wird, darüber gibt Abbildung 14 Aufschluss:

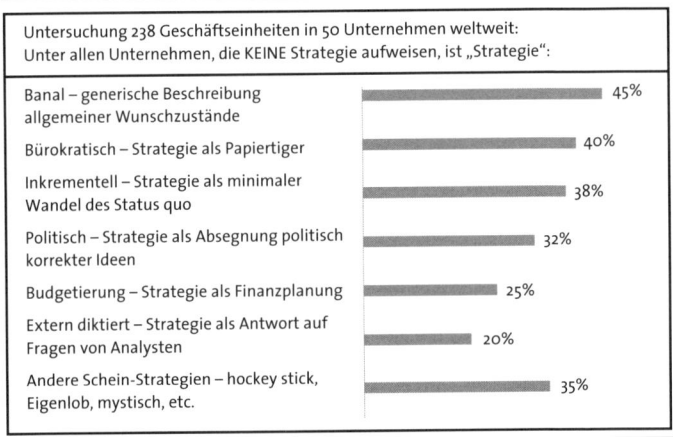

Untersuchung 238 Geschäftseinheiten in 50 Unternehmen weltweit:
Unter allen Unternehmen, die KEINE Strategie aufweisen, ist „Strategie":

Banal – generische Beschreibung allgemeiner Wunschzustände	45%
Bürokratisch – Strategie als Papiertiger	40%
Inkrementell – Strategie als minimaler Wandel des Status quo	38%
Politisch – Strategie als Absegnung politisch korrekter Ideen	32%
Budgetierung – Strategie als Finanzplanung	25%
Extern diktiert – Strategie als Antwort auf Fragen von Analysten	20%
Andere Schein-Strategien – hockey stick, Eigenlob, mystisch, etc.	35%

Abbildung 14: Strategiekonzepte in der Praxis (Quelle: Hinterhuber & Partners survey 2009).

In diesen Unternehmen gleicht Strategie einem Regentanz: Er wird Jahr für Jahr wiederholt, niemand ist sich seines Nutzens sicher, aber da ein Rezept für eine bessere Praxis fehlt, wird die Tradition weitergeführt.

2 Testen Sie die Qualität Ihrer Strategie

> *„Wenn du etwas Mögliches erstrebst,*
> *wirst du es auch erreichen."*
> Epiktet

Wir laden Unternehmer und Führungskräfte ein, die Qualität der Strategie ihrer Unternehmenseinheit zu testen (Fragebogen 4):

Wie wissen Sie, dass Ihre Business Unit eine gute Strategie hat?

Die folgenden Fragen können helfen, zu erkennen, ob eine Geschäftseinheit eine gute Strategie hat:

1. Wettbewerbsvorteile
Sind die Wettbewerbsvorteile der Business Unit klar definiert?

Trifft nicht zu   Trifft zu
1 | 2 | 3 | 4 | 5 | 6 | 7

Kann jede Führungskraft die Frage beantworten: „Wie werden wir im Markt gewinnen?"

1 | 2 | 3 | 4 | 5 | 6 | 7

2. Wettbewerbsarena
Ist die Marktsegmentierung kundenorientiert und reflektiert sie die Stärken des Unternehmens?

1 | 2 | 3 | 4 | 5 | 6 | 7

Sind die Marktsegmente klar definiert, in denen den Kunden ein höherer Mehrwert geboten werden kann als bei der Konkurrenz?

1 | 2 | 3 | 4 | 5 | 6 | 7

Hat das Marktsegment ein Potential, das uns erfolgreich in die Zukunft tragen kann?

1 | 2 | 3 | 4 | 5 | 6 | 7

3. HR-Politik
Wissen wir, welche Arten von Talenten benötigt werden, um in bestehenden Märkten noch erfolgreicher zu sein?

1 | 2 | 3 | 4 | 5 | 6 | 7

Wissen wir, welche Arten von Talenten benötigt werden, um neue Märkte zu erschließen?

1 | 2 | 3 | 4 | 5 | 6 | 7

Ziehen wir die richtigen Talente an?

1 | 2 | 3 | 4 | 5 | 6 | 7

4. *Kundenwert versus Kosten*
Schafft die Business Unit
ausreichend Wert für die Kunden
in den oben definierten Marktsegmenten, um überdurch-
schnittlich profitabel zu sein?

| 1 | 2 | 3 | 4 | 5 | 6 | 7 |

Ist der Unterschied zwischen
Kosten und Kundennutzen
signifikant und nachhaltig positiv?

| 1 | 2 | 3 | 4 | 5 | 6 | 7 |

60+:   *Gute Strategie*

Stellen Sie Unterstützung für eine erfolgreiche Umsetzung
sicher

40–59:   *Ausreichendes Strategiepotential*

Schärfen Sie das Profil der Strategie anhand des Strategie-Dia-
manten (siehe Abbildung 15)

Unter 40:   *Großes Strategiedefizit:*
Gefahr, eine Scheinstrategie zu verfolgen

Nehmen Sie ein weißes Blatt Papier und setzen Sie die Strategie neu auf

Fragebogen 4: Selbstbeurteilungs-Übung zur Strategie.

3   Was leistet eine Strategie?

„Ein schöner Rückzug ist ebenso viel
wert wie ein kühner Angriff.“
Baltasar Gracián

Strategie kann auf zweierlei Art die Wahrscheinlichkeit für
langfristig überdurchschnittlichen Erfolg erhöhen:

• Schaffen von günstigen Ausgangsbedingungen zur Bearbei-
tung existierender Märkte oder
• Verankerung von organisationalem Lernen zur Schaffung
neuer Märkte.

Günstige Ausgangsbedingungen

Eine Strategie kann einem Unternehmen helfen, die Startvor- Strategie für nachhaltigen Erfolg aussetzungen zu schaffen, die dann dazu führen, dass das Unternehmen langfristig überdurchschnittlich profitabel ist. Sie kann also – einfach ausgedrückt – einen Beitrag leisten, auf den „richtigen Zug" aufzuspringen.[1] Der „richtige Zug" oder, etwas formeller ausgedrückt, Entwicklungspfade, die das Unternehmen zu nachhaltigem Erfolg führen, lassen sich in drei Kategorien unterteilen.

1. Überlegene Wahrnehmung am Markt bereits existierender Gewinnpotentiale

Das ist das Thema, mit dem sich die klassische Strategielitera- Existierende Gewinnpotentiale nutzen tur eingehend beschäftigt hat: Es gilt – laut dem SWOT-Modell und mit Hilfe der Kernkompetenzen – existierende Chancen („opportunities") mit unternehmenseigenen Stärken („strengths") besser wahrzunehmen als Wettbewerber. „Strategisch" an diesem Prozess ist, diese Möglichkeiten besser als die Wettbewerber wahrzunehmen, also nach Möglichkeiten zu suchen, sich vom Nachahmungsdruck zu isolieren und dadurch die Erfolgswahrscheinlichkeit zu erhöhen.

Gewinnpotentiale nutzen

Ein gutes Beispiel ist Capital One, eine amerikanische Bank. Der Vorstandsvorsitzende erkannte, dass es in den USA eine stetig steigende Zahl an Kunden gab, die von ihrem Finanzinstitut als „unwürdig" in Bezug auf den Erwerb einer Kreditkarte eingestuft wurden oder denen Kreditkarten zu Konditionen angeboten wurden, die in keiner Relation zum Kreditrisiko standen. Also spezialisierte sich das Unternehmen auf dieses Kundensegment: Es gab einen Markt – es galt nun, Fähigkeiten zu erwerben, die es erlauben würden, diesen Markt profitabel zu bedienen, und die gleichzeitig das Unternehmen vor Konkurrenzdruck isolieren würden. Diese Fähigkeiten mündeten in den Aufbau des wohl umfassendsten CRM-Systems der weltweiten Finanzbranche. Dieses nicht kopierbare CRM-System, gekoppelt mit systematischen Praktiken zur Personalentwicklung, sind Hauptgründe dafür, dass Capital One weniger als zehn Jahre nach seiner Gründung ein Fortune-500-Unternehmen wurde und heute eine der zehn größten und profitabelsten Banken der USA ist.

2. Frühzeitiges Erkennen sich abzeichnender Trends und rechtzeitiger Aufbau relevanter Fähigkeiten, um davon in Zukunft zu profitieren

Trends erkennen, neue Gewinnpotentiale aufbauen

Eine Strategie kann ferner einen Beitrag leisten, dass Trends, die in Zukunft zu überdurchschnittlichen Gewinnpotentialen führen, frühzeitig erkannt werden und dass das Unternehmen gegenüber Wettbewerbern über einen Zeitvorteil, der unter Umständen nicht mehr einholbar ist, verfügt, um diese Möglichkeiten in Zukunft profitabel wahrzunehmen. „Strategisch" hierbei sind Überlegungen hinsichtlich der langfristigen Bedeutung und Deutung existierender Trends und Überlegungen zum Gewinn von Zeitvorteilen gegenüber Wettbewerbern.

Trends erkennen

Im Jahr 1999, als der Ölpreis bei 13 US-Dollar pro Barrel lag, war der Trend zu erneuerbaren Energien nicht direkt – zumindest nicht direkt am Ölpreis (den „The Economist" auf unter 5 US-Dollar fallen sah) – ablesbar. Dennoch gab es damals Unternehmen wie Q-Cells und Solarworld, die sich auf eine Zeit der Ölverknappung, auf ein gesteigertes Umweltbewusstsein der Konsumenten und auf höhere Ölpreise vorbereiteten; in diesem Fall durch massive Investitionen in Anlagen zur Erzeugung erneuerbarer Energie und in den Aufbau von Kompetenzen zur wirtschaftlichen Erzeugung von Strom aus Sonnenenergie. Beide Unternehmen verfügen heute auf diesem Gebiet über einen Zeit- und Wissensvorsprung, der von anderen Unternehmen kaum mehr aufholbar ist; sie besetzen Markt- und Kompetenzpositionen, von denen sich heute bereits absehen lässt, dass sie in Zukunft überdurchschnittlich profitabel sind.

88

3. Technologiegetriebene Verführung von Kunden durch Erfüllung unerfüllter Bedürfnisse

Strategie kann einen Beitrag zu langfristig überdurchschnittlichem Gewinn leisten, indem Technologien auf den Markt gebracht werden, die vom Kunden deshalb so begeistert aufgenommen werden, weil sie ein – dem Kunden oft selbst unbekanntes – Vakuum an unerfüllten Bedürfnissen erfüllen. *„Strategisch"* hieran ist das Erfühlen von latenten, vom Kunden nicht explizit geäußerten Bedürfnissen und die Konzentration auf (unternehmenseigene) Technologie, um diese Bedürfnisse besser und rascher wahrzunehmen als Wettbewerber.

Erfüllen nicht artikulierter Bedürfnisse

Legendäre Beispiele hierzu sind das Erspüren des Marktes für tragbare Musik durch Sony Anfang der 80er Jahre, die Neuerfindung dieses Marktes 20 Jahre später durch Apple und die Gestaltung des Marktes für motorisierten Individualtransport durch Henry Ford zu Beginn des 20. Jahrhunderts. „If I had listened to customers I would have given them a faster horse", wird Henry Ford gerne zitiert. Autos wurden als öffentliches Ärgernis betrachtet, weil sie einen großen Lärm verursachten und die Pferde erschreckten.

Unartikulierte Kundenbedürfnisse erkennen

Unartikulierte Kundenbedürfnisse zu erkennen und zu erfüllen erfordert häufig, am Markt geltende Spielregeln zu brechen – wobei diese Entscheidung eine strategische ist. Über Jahre hinweg hatten sich beispielsweise Sony, Microsoft und Nintendo einen erbitterten Kampf um die Vorherrschaft bei Spielkonsolen geliefert, wobei jede neue Generation an Geräten ihren Vorgänger in den Schatten stellte hinsichtlich grafischer und audiovisueller Qualität. Nintendo erkannte, dass dies vom Kunden letztendlich verlangte, dass er selbst technologisch immer raffinierter wurde und immer mehr Zeit am Bildschirm verbrachte, um die Früchte dieser Entwicklung zu genießen. „Das führt dazu, dass viele Gelegenheitsspieler aufhörten zu spielen und viele Nichtspieler ganz davon abgehalten werden, es überhaupt zu versuchen", stellt Satoru Iwata, Nintendos Präsident, fest. Also brach man mit den Spielregeln am Markt. Wii ist eine Konsole, die leistungsschwächer, billiger, einfacher zu bedienen und interaktiver ist als alle anderen Spielkonsolen: „Wir stehen nicht mit Microsoft und Sony in Wettbewerb", sagt Iwata, „wir kämpfen gegen die Indifferenz all jener, die bislang kein Interesse an Videospielen hatten." Mit Wii schuf Nintendo also nicht nur ein Produkt, das in existierenden Märkten wettbewerbsfähig war: Wesentlich wichtiger ist es, dass man ein Produkt schuf, das den Gesamtmarkt dramatisch expandierte. Sechs Monate nach Markteinführung konnte Nintendo mit Wii auf 360.000 verkaufte Konsolen zurückblicken, und damit auf doppelt so viel wie Microsoft mit Xbox 360 und viermal soviel wie Sony mit PlayStation 3.

Quelle: Jeffrey M. O'Brien, 2007.

Dieser Weg ist der riskanteste der drei. Es gibt weder ein kurzfristiges Bedürfnis, das es zu stillen gilt, noch einen Trend, anhand dessen sich Möglichkeiten in Zukunft extrapolieren lassen. Es existiert allein ein unartikuliertes Kundenbedürfnis und eine Technologie, um dieses zu erfüllen – wenn der Kunde das denn so will und er dafür auch bereit ist zu bezahlen.

Latente Kundenbedürfnisse identifizieren Die Beispiele Sony, Apple, Nintendo und Ford illustrieren, dass es Möglichkeiten gibt, diese Risiken profitabel zu überwinden. Die Geschichte ist allerdings ebenso gefüllt mit Unternehmen, für die dieser Weg der Weg in den Konkurs war: Iridium (der Versuch, ein Satellitenhandy zu vermarkten), Cargolifter (Lufttransporte), unzählige dotcoms wie Webvan (der elektronische Supermarkt), Segway (eine Art individueller Scooter) und zahllose andere können hier erwähnt werden. Grob gesprochen ist in diesen Fällen selten der Mangel an (unternehmenseigener und in jedem Fall schwer imitierbarer) Technologie der Grund des Scheiterns – diese Unternehmen waren Technologie- und Innovationsführer und wurden nicht selten mit Auszeichnungen und Forschungspreisen überschüttet. Grund des Scheiterns war die Tatsache, dass die vermuteten latenten Kundenbedürfnisse nicht relevant genug waren, um den Kunden dazu zu bewegen, für deren Lösung zu bezahlen. „*Strategisch*" und schwer imitierbar an diesem Ansatzpunkt der Strategie ist also die Identifikation dieser latenten Kundenbedürfnisse: Es würde zu weit führen, auszuführen, wie Unternehmen lernen können, ihre Kunden so zu beobachten, zu befragen und einzuschätzen, dass daraus nützliche Informationen für die Ermittlung latenter Kundenbedürfnisse gewonnen werden könnten. Auf einen kurzen Nenner gebracht lautet das beste Rezept, sich ausschließlich auf jene Kundenprobleme zu konzentrieren, die aus Kundensicht gleichzeitig wichtig und unbefriedigend gelöst sind. Je nach Reifegrad der Branche und nach bereits erfolgten Optimierungsversuchen von Wettbewerbern fallen damit 80 Prozent bis 90 Prozent der theoretisch untersuchbaren Kundenprobleme weg – die verbleibenden 10 Prozent bis 20 Prozent bieten damit die Chance, auf Schmerzpunkte des Kunden zu stoßen, die dem Kunden wichtig sind, heute unbefriedigend gelöst werden, für deren Lösung der Kunde bereit ist, zu zahlen – wenn denn gleichzeitig das Unternehmen über die Technologie verfügt, aus diesen Kundenproblemen ein tragfähiges Geschäft zu machen.

4. Verankerung von organisationalem Lernen zur Schaffung neuer Märkte

Nicht in jedem Fall kann und muss eine Strategie helfen, auf den richtigen Zug aufzuspringen – eine Strategie leistet auch noch auf eine andere, in der Regel weniger beachtete Art einen Beitrag, die Wahrscheinlichkeit für nachhaltigen Erfolg zu erhöhen: Wenn Strategie es ermöglicht, schneller und besser den eingeschlagenen Weg zu korrigieren als Wettbewerber. Wenn es um die Erschaffung neuer Märkte geht, gibt es in der Regel keinen präzisen Ausgangspunkt, von dem man starten könnte, und es gibt in der Regel auch keinen definierbaren Endpunkt, den es zu erreichen gilt. Es gibt eine vage Vorstellung, eine Vision einer Zukunft, die man gestalten möchte, Märkte, die erfunden werden wollen, es gibt nicht mehr – aber auch nicht weniger.

Da es hier weder einen Anfangs- noch einen Endpunkt gibt, sondern allein das kontinuierliche Verbessern und Austarieren von Möglichkeiten, diese Vision umzusetzen, ist letztendlich hier die Rate des organisationalen Lernens für Erfolg und

Schneller und besser den Weg korrigieren als die Konkurrenten

Scheitern verantwortlich. Je rascher experimentiert werden kann, je eher gangbare von weniger gangbaren Wegen unterschieden werden, je rascher ein neuer Prototyp einer möglichen Lösung herausgebracht werden kann, je besser und rascher dieser Feedbackzyklus erfolgt, desto höher die Aussichten auf Erfolg. „Strategisch" hieran ist also zum einen die Suche nach Lernvorsprüngen gegenüber Wettbewerbern, strategisch ist aber auch der kreative Akt der Findung einer Vision zur Erschaffung neuer Märkte.

Visionär neue Märkte schaffen

Viele Fälle, die aus heutiger Sicht wie ein perfekt geplanter, linearer Entwicklungspfad aussehen, sind bei genauerem Betrachten gute Beispiele für Vision und überlegene Fähigkeiten organisationalen Lernens. Von IKEA beispielsweise wird gemeinhin angenommen, Kernelemente der Strategie (wie zum Beispiel Lieferung von Bausätzen, Endmontage durch den Kunden; globales Sourcing; eigenständiges, minimalistisches Design) seien von vornherein geplant und im Lauf der Zeit konsequent umgesetzt worden.[2] Das ist nicht richtig. IKEA hat ein Situationspotential erkannt und genutzt, das heißt, eine indirekte Strategie verfolgt.

Der Erfolg von IKEA

IKEA startete mit einer Vision des Unternehmensgründers Kamprad, „so vielen Menschen wie möglich eine Reihe gut aussehender, funktionaler Möbel zu möglichst niedrigen Preisen anzubieten". IKEA, ursprünglich ein reines Versandhaus, lieferte komplett montierte Möbel. Erst als sich die Versicherungsgesellschaften über den hohen Anteil an durch Transport beschädigter Möbel beschwerten, kam der Gedanke auf, dem Kunden Bausätze zu schicken: So konnten sowohl Transportkosten reduziert als auch die dem Kunden gelieferte Qualität erhöht werden. Auch die Entscheidung, global einzukaufen, fiel eher zufällig und aus Notwendigkeit denn als Ergebnis eines Plans: Schwedische Lieferanten hatten IKEA auf Druck lokaler Möbelhersteller und Möbelhändler boykottiert, so dass man gezwungen war, sich nach Lieferanten außerhalb Schwedens umzusehen. Die Entscheidung fiel auf Polen; auch deshalb, weil lokale Lieferanten die einzigen waren, die auf IKEAs Bedingungen langfristiger Lieferverträge, niedriger Preise und hoher Volumina eingingen. Auch das eigenständige Design der Möbel war nicht geplant, es war vielmehr die einzig mögliche Antwort auf das schwedische Möbelkartell, das lokalen Herstellern verbot, an IKEA Möbel zu liefern, die identisch waren mit den Produkten, die diese Hersteller selbst von diesen Lieferanten bezogen. So war das Unternehmen gezwungen, eigene Möbel zu „designen", wobei der Begriff durchaus mit Absicht in Anführungszeichen steht: Am Anfang half IKEA seinen Lieferanten im Wesentlichen, die eigenen Produkte leicht abzuändern, um den Boykott des Möbelkartells zu umgehen. Erst mit der Zeit erahnte Kamprad, dass ein eigenes Design auch durchaus eine eigenständige Identität und Differenzierung bedeuten könnte. Schließlich war auch die Umstellung vom Versandhandel auf eigene Möbelhäuser – für die IKEA heute bekannt ist – alles andere als geplant. Im Zuge eines immer intensiveren Wettbewerbs im Versandhandel wurden einige von IKEAs Konkurrenten immer nachlässiger in Bezug auf Produktqualität, was auf die gesamte Branche einen Schatten warf.

Deshalb schlug Sven Gote, ein früher Mitarbeiter von Kamprad, vor, Kunden die Möglichkeit zu geben, die Produkte vor dem Kauf anzufassen, um sich von der Qualität selbst überzeugen zu können: Die Idee eines eigenen Möbelhauses war geboren.

4 Die indirekte Strategie – das Situationspotential erkennen und nutzen

> *„Man kann den Dingen einen ersten Anstoß geben,*
> *doch dann tragen sie dich davon."*
> Napoleon

Nach westlichem Verständnis ist die Strategie ein integriertes Konzept beziehungsweise ein Plan zur Erreichung von Zielen in einer turbulenten Umwelt. Nach diesem Plan oder Konzept und in Abhängigkeit von den Zielen wird gehandelt. Dieser westlichen, durch das griechische Denken geprägten Konzeption stellt der französische Philosoph François Jullien die chinesische Konzeption der Strategie gegenüber: Die Strategie ist die Fähigkeit, die „tragenden" Faktoren (d.h. die Faktoren, von denen man sich tragen lassen kann) einer Situation zu entdecken und aus dem Potential dieser Situation für das Unternehmen Nutzen zu ziehen.[3] Die Strategie geht also, wie Jullien die Schriften von Sun Tzu und Sun Bin über die Kriegskunst interpretiert, von der vorliegenden Situation aus, in der sich das Unternehmen befindet und innerhalb der die Führungskräfte versuchen herauszufinden, wo sich das Potential befindet und wie es auszunutzen ist. Das westliche strategische Denken, so Jullien, beruht auf dem Zweck-Mittel-Verhältnis: „Du strebst das wichtigste, das entscheidendste Ziel an, von dem du spürst, dass du die Kraft hast, es zu erreichen; du wählst für dieses Ziel den kürzesten Weg, von dem du spürst, dass du die Kraft hast, ihm zu folgen."[4] Im chinesischen strategischen Denken geht es dagegen darum, die günstigen Elemente einer Situation herauszufinden, sich von ihnen tragen zu lassen, sie weiterzuentwickeln und daraus Nutzen zu ziehen. „Somit entwirft ein großer Stratege nicht einen Plan, sondern er erkundet, *erspürt* ganz direkt die Situation und die Faktoren, die günstig für ihn sind, so dass er sie wachsen lassen kann; während er zugleich die Faktoren, die günstig für seinen Gegner sind, verringert ... So dass der Gegner schließlich, wenn ich angreife, bereits geschlagen ist. Oder noch besser: Ich beginne den Kampf erst dann, wenn er bereits geschlagen ist; wenn ich also bereits gesiegt habe. Das ist die Hauptregel der chinesischen Strategie."[5] Es geht also darum, das Situationspotential zu erfassen, die günstigen Faktoren zu fördern und aus dem Potential der Situation Nutzen zu ziehen.

Der chinesische Stratege handelt, ebenso wie Kamprad, gleichsam, als handelte er nicht. Er sieht vom unmittelbaren Erfolg ab, schafft oder fördert die Rahmenbedingungen, lässt die Situation wachsen und sich entwickeln, beseitigt Hindernisse und nutzt die günstige Gelegenheit unter großen Gesichtspunkten. Die chinesische Strategie ist die indirekte Strategie. Das unmittelbare Herbeizwingenwollen des Erfolges, wie es der direkten Strategie entspricht, ist oft weniger wirksam als die Nutzung des Situationspotentials und das Abwarten des

Die tragenden Faktoren einer Situation erkennen und nutzen

Gespür für Situation und Potential

Handeln, gleichsam als handelte man nicht

richtigen Augenblicks, in dem dann das, was notwendig ist, unter großen Gesichtspunkten getan wird.

Aus der Situation selbst, aus den Bedingungen, die man geschaffen hat, aus den Faktoren, von denen man sich tragen lässt, geht das Ergebnis hervor. Jullien zitiert in diesem Zusammenhang Lao Tse: „Dem helfen, was von allein kommt"[6]. Das heißt natürlich nicht „Nichthandeln"; es heißt vielmehr umwandeln, sich der Situation anpassen, darauf einwirken und daraus Nutzen ziehen, so wie es die konkrete Situation erlaubt. Es geht also in der Strategie darum, sich von den günstigen Faktoren einer Situation tragen zu lassen, gleichzeitig diese auf das angestrebte Ziel hin mit Vorsicht zu lenken. Die Strategie ist mit anderen Worten ein Prozess, in dem die Möglichkeiten und Vorteile, die sich aus der Unberechenbarkeit des Marktes, der Umwelt und der Technik ergeben, im Interesse des Unternehmens genutzt werden. Am Anfang dieses Prozesses stehen Möglichkeiten, die andere nicht gesehen haben und vom Unternehmen antizipiert werden, im Lauf des Prozesses werden sie in gradueller Weise gesteuert und am Ende des Prozesses wird die Gelegenheit beim Schopfe gefasst, woraus sich gleichsam von selbst das Ergebnis ergibt, nämlich der nachhaltige Erfolg des Unternehmens.

Auch Rückzug in Erwägung ziehen

Wenn sich keine günstigen Faktoren finden, von denen man sich tragen lassen kann, wenn die Situation kein Potential hat, dann soll man eben nichts tun und abwarten – bis ein Potential genutzt werden kann. „Der Stratege lässt sich nicht entmutigen und opfert sich nicht, denn er zählt auf eine künftige Erneuerung der Situation und beobachtet die Faktoren, die ihn von selbst dahin tragen werden, wieder zu Kräften zu kommen."[7]

Der Stratege studiert die gegenwärtige Richtung, fördert sie, versucht sie umzuwandeln, je nachdem, wie er sie vorfindet, bis sie eine andere Richtung erhält, und diese wieder eine andere und so fort, und zieht aus jeder Situation Nutzen.

Die Verantwortung des richtigen strategischen Handelns besteht darin:

1. den Führungskräften die größtmögliche Handlungsfreiheit einzuräumen, damit sie in jedem Augenblick, der richtig abgepasst werden muss, das Notwendige tun können, und

2. die Führungskräfte so vorsichtig ohne autoritäre Maßnahmen zu koordinieren, damit sie wenig oder nichts davon merken, dass sie überhaupt in eine bestimmte Situation gelenkt oder beeinflusst werden.

Es ist dies in Wirklichkeit keine eigentliche „Lenkung" oder „Beeinflussung", es ist, um mit Wilhelm von Humboldt zu sprechen, ein „Wachsenlassen und eine Beförderung des Wachsens, so wie ein Gärtner pflanzt und sät und die Wachstumskräfte seiner Pflanzen fördert und ihnen nachhilft, wo es nötig ist, im übrigen aber wachsen lässt, da dies nur von innen heraus möglich ist"[8].

Rasches Lernen und ... Der Übergang von einer Situation in eine vorteilhaftere soll nach der indirekten Strategie möglichst reibungslos, ohne viel Aufhebens geschehen und umsichtig und stetig vorangetrieben werden; in der von Fall zu Fall vorliegenden Situation muss dann das Potential erkannt und zum richtigen Zeitpunkt genutzt werden. Das ist das Wesen der chinesischen Strategie oder das Humboldtsche „Handeln, gleichsam als handelte man nicht", das Wachsen- oder Sich-Entwickeln-Lassen, das Hindernisse-Beseitigen, das Fördern der Faktoren, von denen man sich tragen lassen kann und aus denen man Nutzen ziehen kann.

... Experimentieren ist wichtig Diese „chinesische" Interpretation des Strategiebegriffs, die der westlichen Idee der perfekten Planbarkeit künftiger Entwicklungen diametral gegenüberliegt, unterstreicht die Wichtigkeit folgender Faktoren: Der Fähigkeit, sich auf wandelnde Gelegenheiten einzustellen, des Erkennens des Potentials, das jeder Situation innewohnt, und des Sich-Tragen-Lassens, um auch ohne aktives Handeln das Potential jeder Situation auszunutzen. Steve Jobs scheint unbewusst diese Gedanken aufgegriffen zu haben, als er mit dem iPod ein Situationspotential erkannt und genutzt hat: Der iPod ist ein Kultprodukt, das sowohl die Situation als auch Netzwerkeffekte nutzt. Es ist sehr wahrscheinlich, dass ein Freund iTunes-Musik auf den iPod eines anderen Freundes herunterlädt, was legal problematisch ist, die Kundenbindung jedoch fördert. Das Beispiel zeigt, dass es strategisch vernünftig sein kann, die Wirkung nicht zu erzwingen, sondern geschehen zu lassen. Swarovski geht ähnlich vor, indem in den „Kristallwelten" bei Innsbruck den Besuchern eine unterirdische, glitzernde Märchenwelt vorgestellt wird, die jährlich etwa 800.000 Menschen anregt, Produkte des Unternehmens zu kaufen.

Wir rekapitulieren: Wenn es um die Erfindung von Märkten in dynamischen und nicht prognostizierbaren Märkten geht, ist Experimentieren und rasches Lernen – geleitet von einer starken Vision – wichtiger, als den richtigen Ausgangspunkt zu treffen oder „auf das richtige Pferd zu setzen". Wir können mit Konfuzius abschließen, der feststellt: „Mein Ziel ist das Lernen."

5 Die vier Elemente einer guten Strategie

> *„Quantum potes, tantum aude.*
> *Was du kannst, das sollst du wagen!"*
> Thomas von Aquin

Strategie hilft, die Wahrscheinlichkeit für langfristig überdurchschnittlichen Erfolg zu erhöhen: sowohl beim Wettbewerb auf existierenden Märkten als auch bei der Schaffung neuer Märkte. Im ersten Fall ermöglicht eine Strategie es, die Ausgangslage zu verbessern, indem Entscheidungen getroffen werden, die das Potential in sich tragen, nachhaltiger und profitabler zu sein als konkurrierende Entscheidungen. Im zweiten Fall ermöglicht eine Strategie es, rascher und besser zu lernen und damit die unvorhersehbare Marktdynamik besser zu eigenen Zwecken zu nutzen als Wettbewerber. Welche Bausteine enthält also eine Strategie?

Bausteine einer guten Strategie

Gute Strategien zeichnen sich dadurch aus, dass sie entlang vierer Dimensionen klare Antworten geben (siehe Abbildung 15).

97

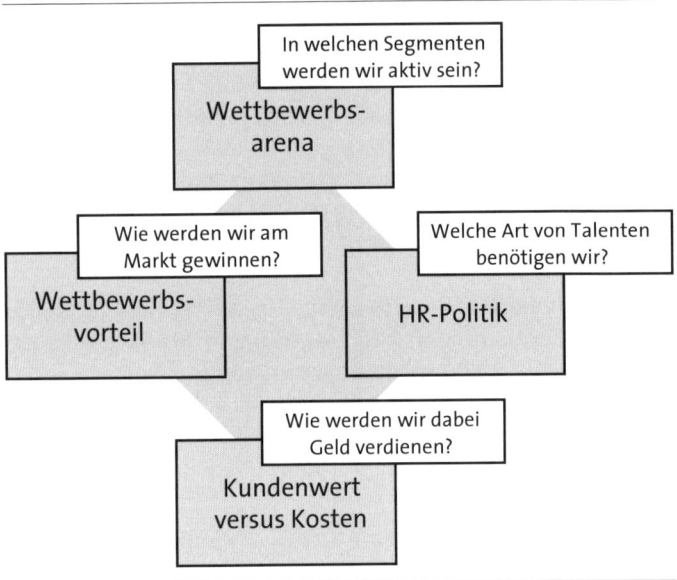

Abbildung 15: Der Strategiediamant (Quelle: Hinterhuber & Partners).

Klare Definition von Wettbewerbsvorteilen

Wie werden wir im Markt gewinnen?

Wettbewerbsvorteile sind die Antwort auf die Frage: „Wie werden wir am Markt gewinnen?". In den Worten von Jack Welch: „If you don't have a competitive advantage, don't compete."

Überdurchschnittliche Renditen sind nur dann möglich, wenn das Unternehmen über Fähigkeiten, Ressourcen, Prozesse oder Beziehungen verfügt, die nicht imitierbar und schwer substituierbar sind.

Klare Definition der Wettbewerbsarena

Hier geht es um die Antwort auf zwei Fragen: „Wie segmentieren für den potentiellen Markt?" und „Auf welchen dieser Marktsegmente wollen wir für unsere Kunden der bevorzugte Partner sein?"

98

In der Regel ist die Beantwortung der ersten Frage schwerer als die Beantwortung der zweiten. Marktsegmentierung ist kein einfacher Prozess: In der Theorie gibt es hunderte, ja tausende Möglichkeiten, Märkte zu segmentieren – etwa nach Kundengesichtspunkten (Alter, Einkommen), geografischen Kriterien, produktbezogenen Kriterien, Wettbewerbskriterien und so fort. Unter diesen fast endlosen Möglichkeiten diejenige Art der Segmentierung herauszupicken, die den Fähigkeiten und Ambitionen des Unternehmens entspricht, die es ermöglicht, Kunden profitabel zu gewinnen und zu bedienen, ist eher eine Kunst als eine Wissenschaft. Die Art der Marktsegmentierung wird damit zum „mentalen Modell" des Unternehmens, zu einer Theorie darüber, wie Kunden im Markt ticken, zu einer Art Landkarte, die darüber entscheidet, welche Faktoren wahrgenommen werden und welche nicht.

Marktsegmentierung

Ein berühmtes Beispiel, wie eine zu kurz greifende Art der Marktsegmentierung zu Umsatzrückgängen und erheblichen finanziellen Schwierigkeiten führt, liefert die weltweite Medienindustrie. Diejenigen Unternehmen, die ihre Märkte nach dem Kriterium online und offline segmentieren und sich auf das klassische Papier- und Zeitungsformat konzentrieren, erleiden in der Regel kontinuierlich Umsatzeinbußen. Diejenigen Unternehmen dagegen, die sich auf die Bedürfnisse und Informationsbeschaffungsgewohnheiten der Kunden konzentrieren, beziehen das Internet und damit Blogs, Internet-Foren etc. und neue Vertriebskanäle wie Merchandising in die Definition relevanter Märkte mit ein und schaffen dadurch die Basis für langfristiges Umsatzwachstum. Bernd Kundrun, der frühere CEO von Gruner & Jahr, expandierte seine Marken nach dem Prinzip „Expand the brand" in neue Märkte mit dem Ziel, die bevorzugte Marke aus Kundensicht zu sein, egal welchen Kommunikationsweg der Kunde zu einem bestimmten Zeitpunkt bevorzugt.

Jeder Unternehmer und jeder Leiter einer Strategischen Geschäftseinheit muss sich immer wieder fragen: „Sind wir im richtigen Markt? Sind wir in einem Markt, der unserer Kernkompetenz und unseren Ambitionen entspricht? Können wir dort eine führende Marktposition erreichen?" Wenn die Antwort Nein lautet, ist es zweckmäßig, nach neuen Marktsegmenten zu suchen.

Worin besteht nun eine gute Art der Marktsegmentierung?
Laut unserer Erfahrung lässt sich das gesamte Wissen der endlosen Wälzer, die zu diesem Thema geschrieben wurden, auf
einen Punkt reduzieren: Eine gute Marktsegmentierung ist
kundenorientiert und reflektiert Unternehmensambitionen
beziehungsweise unternehmerische Ressourcen, eine schlechte
Marktorientierung ist innenorientiert und produktgetrieben.
Das vorhin erwähnte Beispiel illustriert deutlich die Nachteile
einer stark produktgetriebenen beziehungsweise innenorien-
tierten Denkweise. Demgegenüber sind die besten Arten der
Marktsegmentierung Varianten einer kundenbedürfnisorien-
tierten Segmentierung („needs-based segmentation")[9]: Kundenbedürfnisse werden zuerst ermittelt, anschließend werden
Kunden nach unterschiedlichen Bedürfnissen gruppiert und in
in sich geschlossene, von anderen aber abgegrenzte Segmente
unterteilt.

Hat das Unternehmen erst einmal eine „Theorie des Marktes" –
im Idealfall eine kundenbedürfnisorientierte Segmentierung –
entwickelt, geht es im zweiten Schritt darum, zu bestimmen, in
welchen dieser Marktsegmente das Unternehmen in Zukunft
tätig sein kann und will. Auch hier gilt es, diese Segmente präzise zu definieren und abzugrenzen. Der Mut, klare Entscheidungen zu treffen, kennzeichnet den Strategen: Jene Segmente klar abzugrenzen, auf denen das Unternehmen aktiv sein
will, und ebenso klar jene Segmente zu definieren, die man
Wettbewerbern überlässt.

Klare HR-Politik

Eine Strategie ist nichts ohne Organisation, eine Strategie ist
nichts, ohne in Form einer klaren HR-Politik an das Wer und
Wie der Umsetzung zu denken. HR-Politik beantwortet also
die Frage: „Welche Art von Talenten brauchen wir, um in
Zukunft überdurchschnittlichen Erfolg zu erreichen?". Antworten auf diese Frage finden sich im nächsten Abschnitt.

In Abhängigkeit davon, ob das Unternehmen existierende
Märkte bearbeiten (durch Nutzung bereits vorhandener
Möglichkeiten, durch Extrapolation von Trends beziehungs-

weise durch Erfüllung unerfüllter Bedürfnisse) oder neue Märkte erschaffen will (durch Artikulation einer Vision und organisationales Lernen), lässt sich ein Fähigkeitsprofil für Führungskräfte skizzieren, das die Ambitionen des Unternehmens reflektiert. Dieses Fähigkeitsprofil ist der erste Schritt: Weiter geht es darum, sicherzustellen, dass dieses Fähigkeitsprofil konsequent als Raster für Personalentwicklung (wie etwa On-the-job-Training; Mentoring- und Coachingaktivitäten; Aus- und Weiterbildungsprogramme), für Einstellungsentscheidungen, für Retentionsentscheidungen und für Beförderungsentscheidungen (inklusive Entscheidungen über Bonus und Entgelt) gilt. Kurzum: Dieses Leadership-Profil definiert, welche Fähigkeiten und Talente notwendig sind, um im Unternehmen rasch Karriere zu machen, und dieses Leadership-Profil wird zur gemeinsamen Sprache, die die kleinen (bspw. Bonus) wie auch großen (bspw. Auswahl der obersten Führungskräfte) Entscheidungen der Personalpolitik zusammenhält.

Als wir einen amerikanischen Risikokapitalgeber befragten, nach welchen Kriterien Finanzierungsentscheidungen für Jungunternehmen getroffen würden, erhielten wir die Antwort: „Wir investieren nicht nur in Unternehmen, wir investieren vor allem in Menschen. Für uns zählt der Fahrer, nicht nur das Auto." Mehr dazu im nächsten Abschnitt.

Kundenwert versus Kosten

Hier geht es um die Beantwortung der Frage: „In welchem Verhältnis stehen geschaffener Kundennutzen zu Gestehungskosten des Unternehmens?" beziehungsweise „Schafft das Unternehmen ausreichend Wert in den vorher definierten Marktsegmenten, um überdurchschnittlich profitabel agieren zu können?"

Der geschaffene Kundennutzen lässt sich aus der Summe des Preises der für den Kunden relevanten Alternative (Referenzwert) und dem positiven oder negativen Wert der differenzierenden Faktoren (Differenzierungswert) bestimmen.[10] Er lässt sich in folgenden Schritten quantifizieren:

Wie werden wir Geld verdienen?

- Bestimmung des Produktes/des Prozesses, der aus Kundensicht die beste verfügbare Alternative zum Kauf des untersuchten Produktes ist.

- Identifikation aller Faktoren, die das Produkt vom Referenzprodukt beziehungsweise Referenzprozess unterscheiden.

- Bestimmung des monetären Wertes dieser Faktoren aus Kundensicht mit beispielsweise der Conjoint-Analyse.

- Aus der Summe aus Referenzwert und dem monetären Wert der (positiven oder negativen) differenzierenden Faktoren ergibt sich der vom Kunden wahrgenommene Produktnutzen für ein bestimmtes Kunden- oder Marktsegment.

- Wird dieser Produktwert für die wichtigsten Kundensegmente bestimmt, ergibt sich eine Nachfragekurve für das untersuchte Produkt in einem bestimmten Markt.

Die Bestimmung des Kundennutzens dient der Quantifizierung dessen, was der Kunde vom Unternehmen erhält. Dem sind – ebenso quantifiziert – die variablen Entstehungskosten gegenüberzustellen, die das Unternehmen aufbringen muss, um diese Leistungen zu erbringen. Nur wenn der Unterschied zwischen Kundennutzen und Kosten signifikant und nachhaltig positiv ist, kann das Unternehmen Preise verlangen, die ein profitables Wirtschaften erlauben (Fall A in der Abbildung 16). Liegen die Kosten über dem geschaffenen Kundenwert (Fall B), müssen entweder Kosten gesenkt oder der Kundennutzen gesteigert werden – ansonsten ist der eingeschlagene Weg unprofitabel. Was sich hier einfach und fast trivial anhört, wird in der Praxis immer wieder missachtet: Eine nicht einmal besonders fundierte Analyse von Kundenwert und Gestehungskosten hätte gereicht, um eine Heerschar von Internet-Unternehmen vor dem Konkurs zu bewahren: In den allermeisten Fällen war der Kundennutzen deutlich positiv (und viele Kunden teilten die Begeisterung der Gründer über die Einzigartigkeit des Unternehmens), doch waren die Kosten in vielen Fällen schlichtweg zu hoch. Diese Unternehmen waren allesamt Meister auf dem Gebiet der Schaffung von Kundenzufriedenheit, doch waren sie strukturell und chronisch zu teuer und damit zum Scheitern prädestiniert. Mehr dazu in Abschnitt IV, 3.

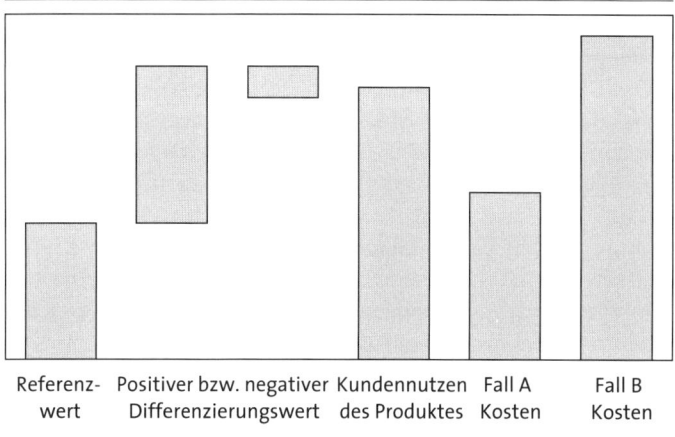

Abbildung 16: Kundennutzen und Gestehungskosten.

6 Gute Strategien von schlechten trennen

> *„Kinder, seid ihr denn bei Sinnen?*
> *Überlegt euch das Kapitel!*
> *Ohne die gehörigen Mittel*
> *soll man keinen Krieg beginnen."*
> Wilhelm Busch

Anhand unseres Kriterienkataloges ist es nun möglich, gute von schlechten Strategien zu trennen. Die Übersicht in Abbildung 17 fasst die wichtigsten Fragen zusammen.

Eine gute Strategie gibt zunächst die grobe Richtung vor, wobei es um die Frage geht, ob das Unternehmen in existierenden Märkten oder durch die Schaffung von neuen Märkten überdurchschnittliche Ergebnisse nachhaltig erzielen will. Diese beiden Wege verlangen unterschiedliche Fähigkeiten und unterstützende Prozesse. Eine Strategie enthält vier Elemente, die wir in unserem Strategiediamanten zusammenge-

Gute Strategien sind einfach

103

fasst haben. Dieses Gesamtgerüst kann herangezogen werden, um existierende und geplante Strategien in ihrer Qualität zu beurteilen.

Eine große europäische Bank stellt ihre Strategie folgendermaßen da: „Unsere Strategie ist, in unseren vier Geschäftsbereichen profitabel zu wachsen, zum Wohle unserer Anteilseigner, Kunden und Mitarbeiter." Ein französisches Unternehmen dazu: „Unsere Strategie ist, im Pharmabereich noch rascher zu wachsen und in den anderen Bereichen, in denen wir tätig sind, zu den Weltmarktführern zu zählen."

Hier reicht ein oberflächlicher Blick auf Abbildung 17, um festzustellen, dass in beiden Fällen weder die Elemente der Strategie noch die fundamentale Richtung auf irgendeine andere Art definiert wären als durch inhaltsleere Floskeln. Wir vergeben in beiden Fällen ein „ungenügend" für die Qualität der Strategie.

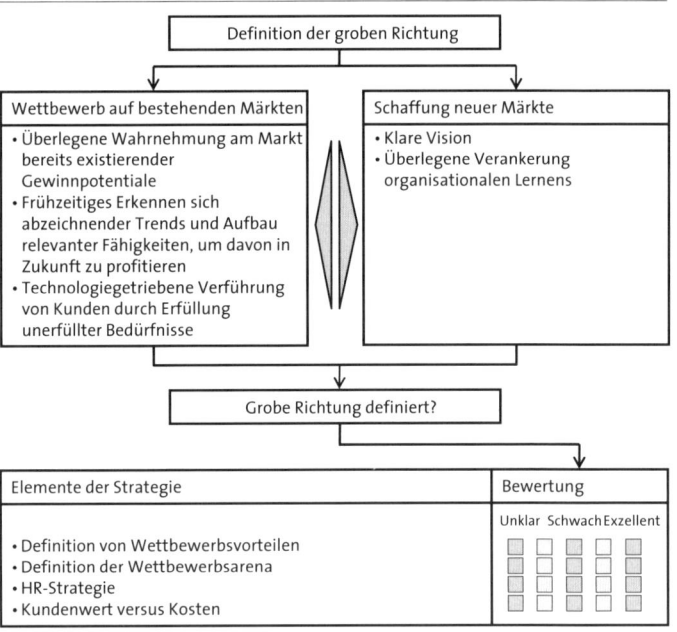

Abbildung 17: Raster zur Beurteilung von Strategien (Quelle: Hinterhuber &
Partners).

Ein Beispiel einer guten Strategie liefert Diamond Aircraft, ein österreichischer Hersteller von einmotorigen Leichtflugzeugen. Das Unternehmen wurde 1981 aus der Überzeugung heraus gegründet, dass das Segment für kleine, einmotorige Leichtflugzeuge langfristig überdurchschnittliche Wachstumschancen bieten würde. In unserer Form der Darstellung: Man erkannte frühzeitig einen Trend und beschloss, an diesem Trend zu partizipieren – Ziel war, sich eine günstige Ausgangsposition zu schaffen, um an einem wachsenden Markt überdurchschnittlich partizipieren zu können. Die grobe Richtung (Abbildung 17) war damit definiert.

Wie sich ein Unternehmen vom Wettbewerbsdruck isoliert und wie es Kunden gegenüber eine privilegierte Position einnehmen kann, zeigt das folgende Beispiel.

Diamond Aircraft

Der Wettbewerbsvorteil von Diamond Aircraft liegt in der Fähigkeit, durch Kombination innovativer Materialien (faserverstärkter Kunststoff, Glascockpit) beziehungsweise Triebwerke (Diesel) und einer neuartigen Konstruktionsbauweise Flugzeuge produzieren zu können, die verbrauchsärmer und leichter handhabbar sind als vergleichbare Produkte der Konkurrenz. Diese Fähigkeiten wurden über Jahre intern aufgebaut, wobei das Unternehmen eines der ersten war, das technische Kooperationen mit Verbundspezialisten der russischen Flugzeugindustrie einging. Die Wettbewerbsarena wurde trennscharf eingegrenzt: Das Unternehmen spezialisierte sich auf Kundensegmente, für die diese klar definierten Vorteile wichtiger waren als für andere Kundensegmente und für die bestimmte Nachteile bei Geschwindigkeit und Lautstärke weniger ins Gewicht fielen: Kleine Unternehmen, Flugschulen sowie vermögende Familien, die Kleinflugzeuge als Alternative zu privat gecharterten Flügen nutzten. Im Unterschied zu Wettbewerbern, die den Markt oft nach Größe beziehungsweise Anzahl der Sitzplätze segmentieren, ist hier die Marktsegmentierung kundenorientiert und somit nützlich. Die HR-Politik des Unternehmens verfolgt das Ziel, den Wettbewerbsvorteil von Diamond Aircraft bei Konstruktion und Konzeption von Kleinflugzeugen kontinuierlich zu pflegen und auszubauen: Christian Dries, Vorsitzender des Vorstands des Unternehmens, legt Wert darauf, dass Diamond Aircraft die Fähigkeiten seiner Mitarbeiter systematischer, besser und nachhaltiger ausbaut als Wettbewerber. Indizien dafür sind Fluktuationsraten (deutlich niedriger als der Branchenschnitt), Mitarbeiterzufriedenheit (höher als bei Wettbewerbern), Weiterbildungsbudget (höher als bei Wettbewerbern) und Verbesserungsvorschläge/Mitarbeiter (ebenfalls höher als bei Wettbewerbern). Diamond Aircraft misst regelmäßig den Wert, den die Produkte für Kunden schaffen: In Bezug auf Handling, Verbrauch (50 Prozent niedrigerer spezifischer Kraftstoffverbrauch), Umwelteigenschaften (Kerosin kostet etwa 20 Prozent des Flugbenzins, verbrennt sauberer und hinterlässt keine Rückstände) und Versorgungssicherheit (Kerosin ist zum Unterschied von Flugbenzin auf jedem Flugplatz verfügbar) liegt der monetäre Kundenwert etwa 80 Prozent über dem Kundenwert des besten Alternativprodukts in den Zielkundensegmenten. Durch eine günstige Kostenstruktur und kundenwertorientiertes Preismanagement schafft es das Unternehmen, an diesem geschaffenen Wert gut zu partizipieren und gleichzeitig Produkte zu einem als sehr „fair" empfundenen Preis anzubieten. Das Ergebnis: Weltweit ist das Unternehmen Marktführer für Trainingsflugzeuge und einmotorige Kleinflugzeuge, die EBIT-Marge liegt deutlich über denen von Wettbewerbern.

Dass erfolgreicher Wettbewerb in bestehenden Märkten durchaus vereinbar ist mit der Schaffung neuer Märkte, versucht Diamond Aircraft mit dem neuesten Produkt, einem Very Light Jet (VLJ), zu beweisen: Da auch hier Kundenwert, Marktsegmentierung, HR-Strategie und Wettbewerbsarena analytisch trennscharf und kreativ definiert wurden, lässt sich heute schon absehen, dass die Weichen für künftiges Wachstum gestellt und vielversprechend sind.

Nur das Einfache und Natürliche funktioniert

Eine gute Strategie ist einfach: „Ich habe keine Sehnsucht nach einfachen Lösungen", sagt Helmut Maucher, „aber ich sehe viele Dinge einfacher".

Die Chairman's Letters von Warren Buffet, dem CEO von Berkshire Hathaway, verblüffen durch ihre Einfachheit, Verständlichkeit und Logik. Nur was einfach ist, funktioniert. Wie im Krieg, soll auch in der Wirtschaft nicht das Geistreichste, sondern das Einfachste und Natürlichste beschlossen werden, dieses aber muss mit voller Konsequenz durchgeführt werden. Karl Popper schreibt: „In meinen Augen ist das Streben nach Einfachheit und Durchsichtigkeit eine moralische Pflicht aller Intellektuellen; Mangel an Klarheit ist eine Sünde, Aufgeblasenheit ein Verbrechen." Für komplexe Probleme gibt es allerdings keine einfachen Lösungen. Für Moltke ist die Strategie nichts weiter als die Anwendung des gesunden Menschenverstandes. Er fügt allerdings hinzu: „und der lässt sich nicht leh-

Die letzte Frage vor der Verabschiedung der Strategie

1. Das Cashflow-Profil?

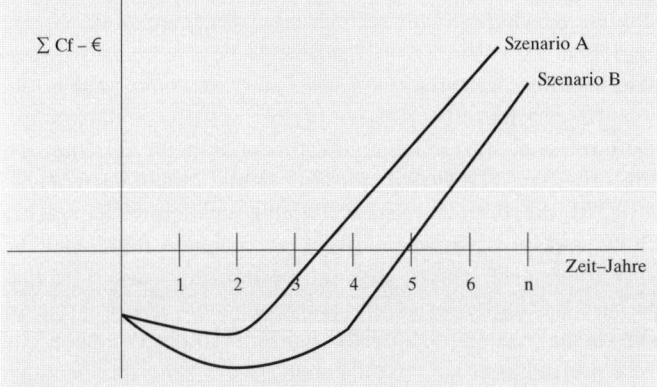

2. Die Frage: Was habe ich übersehen?
3. Was tun?

Vertraue auf Gott, oder das Schicksal, geh ruhig zu Bett, in der Gewissheit, dass der morgige Tag wieder eine Reihe unangenehmer Überraschungen bringen wird.

→ Die Strategie ist ein „System von Aushilfen" ad hoc (Helmuth von Moltke).

ren". Was sich nach unserer Erfahrung allerdings „lehren" lässt, sind der Umgang mit den Bestandteilen und die Orientierungspunkte der Strategie.

7 Was ist wichtiger: Die Führungspersönlichkeit oder die Strategie?

> *„Ich muss von denjenigen, mit denen ich arbeite,*
> *verlangen, dass sie auch mir gegenüber Kritik üben.*
> *Wenn sie das nicht tun, dann sind sie mir und*
> *dem Hause Siemens nicht von Nutzen."*
> Carl Friedrich von Siemens

Die Strategie ist langfristig wichtiger als der Unternehmer

Entscheidend für den nachhaltigen Erfolg eines Unternehmens sind, wie im Abschnitt I dargestellt, die Persönlichkeit und das Team an der Spitze. Der Fahrer ist wichtiger als der Rennwagen, der Skiläufer wichtiger als der Ski. Soll das Unternehmen jedoch den Unternehmer oder das Team an der Spitze überleben, die es zum Erfolg geführt haben, dann ist die Strategie wichtiger. Dies ist dann der Fall, wenn eine, weit in die Zukunft gerichtete Strategie eine konservative Finanzpolitik bestimmt, auf die Unabhängigkeit von Banken gerichtet ist, eine effiziente HR-Politik fördert, immaterielle Vermögenswerte (Marke, Property Rights, Patente und dergleichen mehr) schafft und im Bewusstsein aller Unternehmensmitglieder die Überzeugung verankert, dass die besten Führungskräfte und die besten Mitarbeiter gerade gut genug sind. Je erfolgreicher eine solche Strategie ist, desto eher können die Personen, die das Unternehmen aufgebaut haben, sicher sein, dass es auch ohne sie überleben kann.[11]

Der Unternehmer hat wohl mit seiner Energie, seinem Können und Weitblick den Grundstein für die nachhaltige Entwicklung gelegt – dies erklärt auch den Mythos vom „großen Mann" oder der „großen Frau" an der Spitze eines Unternehmens; der Einfluss des Unternehmers ist wichtig, er hält mit seiner Führungsstärke das Unternehmen zusammen und beeinflusst das Verhalten seiner Führungskräfte und Mitarbeiter, sich engagiert und kreativ für eine gemeinsame Aufgabe einzusetzen. Für das Überleben des Unternehmens nach seinem Ausscheiden sind jedoch die Spitzenführungs-kräfte entscheidend, die er ausgewählt und entwickelt hat und die sich auf die Produkte und Dienstleistungen, auf die Technologie und – vor allem – auf die Mitarbeiter konzentrieren. Die Rückkehr von Steve Jobs, dem Mitgründer von Apple, in das Unternehmen nach einer Lebertransplantation wird in den Medien als notwendig für die weitere Entwicklung von Apple angesehen. Dem ist nicht so. Steve Jobs selbst zeigt, dass er ein Führungsteam aufgebaut hat, das die Zukunft von Apple auch ohne ihn zu sichern in der Lage ist. Er hat ein Führungsteam aus Führungspersönlichkeiten zusammengesetzt, die in Software, Hardware, Vertrieb und Produktion seine Vision und seine Ideen weiterhin zum Erfolg führen werden.

Wie es im Eingangszitat zum Ausdruck kommt, muss der Unternehmer die Kritik seitens der Führungskräfte und Mitarbeiter zulassen, ja sogar fördern, wenn das Unternehmen einmal ohne ihn auskommen soll. Charles de Gaulle hat gesagt: „Auf etwas, das keinen Widerstand leistet, kann man sich nicht stützen." Jeder, der führt, braucht die Kritik und den Widerstand, um an ihnen zu wachsen. Sogar Gott schuf sich bald den Teufel als Opposition, da er sah, dass auf der Basis seiner Allmacht allein keine gesunden Dauerverhältnisse zu erreichen waren.

Spitzenführungs-kräfte entscheidend

Wann ist es Zeit, aufzuhören?

Für einen Professor ist es Zeit, aufzuhören, wenn er die gleichen Dinge vor den Studenten wiederholt und ihm nichts Neues mehr einfällt. Für einen Unternehmer tritt der Zeitpunkt, aufzuhören, dann ein, wenn er der Versuchung nicht widerstehen kann, Dinge zu tun, die er bereits kennt, wenn er sich dauernd wiederholt, Monologe hält, wenn er glaubt, dass er nicht mehr viel zu lernen hat und er nicht mehr die Befriedigung aus seiner Arbeit hat, die er sich vorstellt, dass er sie haben sollte. Jeder hat ein gewisses Repertoire an Möglichkeiten, auf die er gerne zurückkommt und die er immer wieder neu durchdenkt; wenn er jedoch erfährt, dass er nichts mehr zu sagen hat, dann sollte er aufhören – oder sich und sein Leben

Zeit, aufzuhören

ändern. Man kann ein Unternehmen nicht erneuern oder neu erfinden, wenn man das nicht bei sich selbst macht.

Zusammenfassend kann man feststellen, dass:

1. erfolgreiches Führen langfristiges Denken und Handeln bei gleichzeitigem Hervorbringen kurzfristiger Ergebnisse ist,

2. für den nachhaltigen Erfolg die Führungspersönlichkeit an der Spitze und ihr Team entscheidend sind,

3. die Strategie, die auf einer konservativen Finanzpolitik, auf Unabhängigkeit von den Banken, auf einer effizienten Personalpolitik, auf immateriellen Vermögenswerten und dergleichen mehr aufbaut, vor allem aber betont, dass die besten Führungskräfte und Mitarbeiter gerade gut genug sind, wichtiger ist als der Unternehmer, wenn das „Werk den Meister" überleben soll.

Anregungen von außen

Zwei der wichtigsten und erfolgreichsten Innovationen von Apple – iPod und iTunes – stammen nicht von Steve Jobs. Tony Fadell, ein früherer Mitarbeiter von Philips, hat den benutzerfreundlichen MP3-Player entwickelt und das grundlegende Design weiterverkauft. Steve Jobs hat den MP3-Player weiterentwickelt und Fadell in sein Team aufgenommen. iTunes ist das Ergebnis der Arbeiten von Jeff Robbin, einem früheren Software-Ingenieur von Apple, der im Rahmen der Produktentwicklung wieder zu Apple zurückkehrte.

8 Was ist Erfolg?

> *„Wer bei Kleinigkeiten keine Geduld hat,*
> *dem misslingt der große Plan."*
> Konfuzius

Erfolg hat viele Dimensionen — Erfolg ist ein komplexer Begriff, der mehrere Dimensionen hat. Ein Unternehmen oder eine Strategische Geschäftseinheit ist erfolgreich, wenn in einer mittel- bis langfristigen Perspektive der *Gewinn größer ist als die Kapitalkosten*. Der Gewinn oder die Wertsteigerung ist jedoch nicht das Ziel, sondern das Ergebnis erfolgreichen unternehmerischen Handelns; sie sind die Maßstäbe der unternehmerischen Effizienz. Wenn es dem Unternehmen gelingt, die Kunden zu begeistern, ein Umfeld zu schaffen, in dem sich die Mitarbeiter engagiert einbringen können, und eine effiziente Infrastruktur aufzubauen, dann ist der Erfolg das Ergebnis. Jedes Unternehmen, das erfolgreich Ressourcen umwandelt, muss einen Gewinn erzielen, um weiterhin Kapital anzuziehen; will es überleben und sich entwickeln, muss es aber gleichfalls attraktive Arbeitsplätze anbieten, nützliche Produkte und Dienstleistungen schaffen, die einem echten Bedarf entsprechen, ein guter Kunde sein sowie die Unterstützung der Gesellschaft als „good corporate citizen" verdienen. Die Herausforderung, mit der die Unternehmensleitung konfrontiert wird, besteht darin, Gewinn in einem Ausmaß zu erwirtschaften, der es erlaubt, die obigen Beziehungen zu den sechs Anspruchsgruppen gleichzeitig unter Kontrolle zu halten und dabei den Veränderungen in jedem Bereich Rechnung zu tragen. Ein Unternehmen handelt im Interesse der Allgemeinheit, wenn es eine Vielzahl von Stakeholdern gut behandelt.[12]

Kapitalkosten verdienen

Der Einstieg von Fiat bei Chrysler

Tausch von Motoren und Plattformen gegen Aktien

Das Ziel in der Automobilbranche, in der Überkapazitäten von etwa 30 Prozent bestehen, heißt Überleben. Analysten erwarten für Fiat für Ende 2009 einen Schuldenstand von etwa 5 Milliarden Euro. Sergio Marchionne, CEO von Fiat, versucht, mit geringem Kapitaleinsatz – Tausch von Motoren und Plattformen gegen Aktien – ein Weltunternehmen aufzubauen, da nach seiner Ansicht nur die Hersteller überleben, die mindestens 5 Millionen bis 6 Millionen Autos pro Jahr produzieren.

Die Marken von Chrysler: Chrysler, Dodge, Jeep
Die Marken von Fiat: Fiat, Alfa Romeo, Lancia

Der Einstieg von Fiat bei Chrysler wirft eine Reihe von Fragen auf, zum Beispiel:

- Sind Größe, Skaleneffekt und Erfahrungskurven für den Erfolg entscheidend?
- Wie wichtig sind Image, Design, Nutzwert, Kreativität, Qualität?
- Wie hoch sind die Opportunitätskosten, die dadurch entstehen, dass die Wachstumsmärkte in Asien, Russland und Osteuropa nicht gleichzeitig bearbeitet werden können?
- Wie lassen sich die zusätzlichen Investitionen für die Zusammenführung zweier Konzerne mit unterschiedlichen Kulturen finanzieren?
- Wie kann man rasch die notwendige Managementkapazität aufbauen?
- Wie könnte eine Exit-Strategie aussehen?
- Innerhalb von wie vielen Jahren kann erwartet werden, dass das investierte Kapital zurückgewonnen und verzinst wird?
- Last but not least: Welche konkreten Vorteile bietet die Übernahme von Chrysler durch Fiat den Kunden?

Bitte beurteilen Sie anhand der im Text genannten Kriterien die Erfolgsaussichten dieser Übernahmestrategie.

Dazu muss sich das Unternehmen den Respekt aller strategischen Stakeholder verdienen, das heißt der Kunden, der Mitarbeiter, der Kapitalgeber, der Gesellschaft, der Lieferanten und der Partner in strategischen Netzwerken.

Überleben nachhaltig sichern Erfolg kann aber auch als *Überlebensfähigkeit* definiert werden. In diesem Sinn ist das Unternehmen eine auf Dauer angelegte Einrichtung, die mit ihrer Umwelt in einem Austausch von Ressourcen steht. Das Ziel des Unternehmens ist die Sicherung des Überlebens oder das Vermeiden des Scheiterns. Hermut Kormann, der frühere Vorstandsvorsitzende der Voith AG[13]: „Die Strategie ist auf Bewahrung des Unternehmens für die

112

nächste Generation gerichtet und nicht auf die Maximierung des Shareholder-Value innerhalb von kurzer Zeit … Es ist meine feste Überzeugung, dass die wahre existenzielle Herausforderung (für den Unternehmer) darin besteht, nicht als Verlierer unterzugehen … Jede Strategie, die auf Gewinnen statt auf das Vermeiden von Scheitern setzt, wird in einem definitiven Scheitern enden. Ein Unternehmer darf deshalb (1) keine existenzbedrohenden Risiken eingehen, (2) muss er bei nicht unmittelbar lebensbedrohenden Risiken in der Lage sein, die Auswirkungen solcher Ereignisse im Eintrittsfall durch Erfolge wieder zu kompensieren, (3) sollte er nur so viel riskieren, wie er seiner Amtszeit wieder einspielen kann. Die Leidtragenden im Fall des Scheiterns des Unternehmens sind nicht nur die Anteilseigner oder die Erben, sondern fast immer auch die Arbeitnehmer."

Wann sind nun *Führungskräfte* erfolgreich? Diese Frage lässt sich nur beantworten, wenn man den Standpunkt des Beurteilers einnimmt.

Viele Faktoren tragen zur Komplexität der Führungsaufgabe der obersten Führungskräfte bei: die Größe und Internationalisierung des Unternehmens, ihr Diversifikationsgrad, die Unsicherheit des Marktes und der technischen Entwicklung, das Interesse der Medien und dergleichen mehr. Je höher die Verantwortungsstufe ist, desto weitreichender sind die Auswirkungen guter oder schlechter Strategien. Der Leiter einer Organisationseinheit dagegen kann durch seine Entscheidungen nur das Wohl seiner Einheit und deren Mitarbeiter beeinflussen.

Oberste Führungskräfte sind erfolgreich, wenn sie das Überleben des Unternehmens nachhaltig sichern und kurzfristig dessen Scheitern verhindern; Maßstab ist die langfristige Wertsteigerung des Unternehmens. Der Leiter einer Organisationseinheit ist erfolgreich, wenn seine Einheit gute Leistungen erbringt, seine Mitarbeiter zufrieden sind und größere Veränderungen erfolgreich bewältigen. Der Leiter einer F&E-Abteilung betrachtet sich zum Beispiel als erfolgreich, wenn seine Mitarbeiter besser kommunizieren, konstruktiver zusammenarbeiten und eine bestimmte Anzahl innovativer Ideen pro Jahr umsetzen. Der Leiter eines Teams ist erfolgreich, wenn die Teammitglieder zufrieden und produktiv sind und die vereinbarten Ziele erreichen.

Führende werden an der Zahl der Mitarbeiter gemessen, die sie selbst zu Führenden entwickelt haben, aber auch daran, mit welchen Mitarbeitern sie sich umgeben.

Führungskräfte betrachten sich als erfolgreich, wenn sie rasch *befördert* werden. Nach diesem Kriterium hängt der Erfolg allerdings sehr davon ab, in welchem Umfang sie sich auf die Einbindung in Netzwerke, auf Mikropolitik, auf die Interaktion mit Entscheidungsträgern konzentrieren.

Organisationalen, nicht persönlichen Erfolg fördern

Es muss also der organisationale Erfolg vom persönlichen Erfolg (Karriere) unterschieden werden. Empirische Untersuchungen zeigen, dass es nur etwa 10 bis 15 Prozent aller Führungskräfte gelingt, organisationalen Erfolg mit persönlichem Erfolg zu verbinden. Um die organisationale Leistung und nicht den persönlichen Erfolg zu fördern und zu belohnen, muss die Unternehmensleitung ein System installieren, das die Führungstätigkeiten belohnt, die das Unternehmen stärker machen und nicht der persönlichen Karriere dienen. Wird hier kein Gleichgewicht eingerichtet, erreichen brillante, aber inkompetente Führungskräfte die Spitze, nicht weil sie sich um ihre Mitarbeiter, die Kunden und die Zielerreichung kümmerten, sondern weil sie wirksames Networking betrieben haben.

Führende sind, zusammenfassend, erfolgreich, wenn sie:

1. Strategien formulieren und umsetzen, mit denen die Ziele erreicht und das Überleben des Unternehmens nachhaltig gesichert werden,
2. eine Führungskultur vorleben, die die Mitarbeiter anregt, sich unternehmerisch im Interesse des Unternehmens einzusetzen,
3. das Unternehmen strategisch neu ausrichten oder neu erfinden, wenn die Situation es verlangt,
4. Mitarbeiter eingestellt und entwickelt haben, die besser und klüger sind als sie selbst. Dieser Aspekt von Führung wird im nächsten Abschnitt behandelt.

9 Zusammenfassung für den eiligen Leser

„Leben heißt, ein Kämpfer sein."

Seneca

Die Strategie ist ein integriertes Konzept zur Erreichung von Zielen. Der wichtigste Beitrag einer guten Strategie ist, unter Bedingung von Unsicherheit die Wahrscheinlichkeit auf langfristig überdurchschnittlichen Erfolg zu erhöhen. Eine gute Strategie tut dies auf zweierlei Art:

1. Bei Wettbewerb in bestehenden Märkten hilft sie, günstige Ausgangspositionen zu schaffen, die dazu führen, dass das Unternehmen langfristig überdurchschnittlich profitabel ist: durch a) überlegene Wahrnehmung am Markt bereits existierender Gewinnpotentiale, durch b) frühzeitiges Erkennen sich abzeichnender Trends und schließlich c) durch technologiegetriebene Verführung von Kunden durch Erfüllung unerfüllter Bedürfnisse.

2. Bei der Erfindung von neuen Märkten hilft eine gute Strategie, durch die Verankerung organisationalen Lernens den Weg zur Realisierung einer Vision rascher und effektiver zu korrigieren als Wettbewerber.

Eine gute Strategie gibt auf vier Fragen überzeugend Antwort: Sie definiert Wettbewerbsvorteile präzise, sie grenzt die Wettbewerbsarena ein, sie beinhaltet eine klare HR-Politik und sie beantwortet die Frage nach Wirtschaftlichkeit durch Gegenüberstellung von Kundenwert und Kosten.

Es gibt verschiedene Kriterien, mit denen der Erfolg der Strategie gemessen werden kann. Soll das Unternehmen den Gründer oder die Persönlichkeit an der Spitze überleben, sind die Tragfähigkeit der Strategie und der Organisation sowie die Mitarbeiter wichtiger als die Führungspersönlichkeit, die das Unternehmen aufgebaut hat.

Eines Tages ließ der Sultan Nasreddins Sohn zu sich rufen. Der Junge war seinem Vater wie aus dem Gesicht geschnitten. Der Sultan wollte prüfen, ob er auch dessen Witz besäße. Er hielt ihm eine Goldmünze hin, aber der Junge nahm sie nicht.

„Warum nimmst du das Goldstück nicht?", fragte der Sultan. Der Junge antwortete: „Meine Mutter lehrte mich, von einem Fremden kein Geld zu nehmen."

„Gut gesprochen", lobte der Herrscher. „Doch ich bin dir kein Fremder, wie ihn deine Mutter meint, sondern ich bin dein Gebieter. Also nimm es ruhig."

Der Junge beharrte jedoch: „Ich weiß, dass Ihr der Sultan seid. Meine Mutter hingegen wird es mir nicht glauben."

„Warum das?", staunte der Sultan.

„Wenn der Sultan jemandem Geld schenkt, so sagte sie, dann gibt er mehr als eine Goldmünze", erklärte der Junge.

Eine Moral von der Geschichte

Führende helfen ihren Mitarbeitern, zu lernen und zu wachsen. Die Qualität eines Führenden zeigt sich in der Qualität der Mitarbeiter, die er selbst zu Führenden entwickelt hat.

III Unternehmen brauchen die richtigen Mitarbeiter

1 Die Führungskräfteauswahl und -entwicklung auf die Strategien ausrichten

„Der Löwe möchte wirklich kein Lastesel sein und
ein Schah-in-Schah nicht sein eigener Staatssekretär.
Allah hatte seine Propheten, und ich habe meine Minister.
Ich habe nicht die Absicht, mein Leben zu riskieren,
nur damit sie weniger auf ihren Schultern zu tragen haben."
Schah Nasir-Eddin

Die Auswahl und Entwicklung der Führungskräfte hat eine lange Tradition.[1] Vorstände und Aufsichtsräte sind sich bewusst, dass eine gute Führung eine unverzichtbare Voraussetzung zur nachhaltigen Wertsteigerung des Unternehmens ist. Das heißt allerdings noch nicht, dass die Auswahl und Entwicklung der Führungskräfte für das Senior Management auch schon überall fest und systematisch etabliert wären. Wir kennen erfolgreiche Unternehmer, Vorstands- und Aufsichtsratsmitglieder, die auf ihren patriarchalischen Führungsstil schwören, ohne sich bewusst zu sein, dass sie in den Augen ihrer Führungskräfte schon längst als Relikt empfunden werden.

Unternehmen für den kommenden Aufschwung vorbereiten

Die entscheidenden Fragen für die Zukunft eines jeden Unternehmens lauten:

- Welche Führungskräfte brauchen wir für das nachhaltige und profitable Wachstum des Unternehmens?

- Mit welchen Führungskräften wollen wir unsere Wachstumsstrategien umsetzen?

- Woher kommen sie?

- Wie sollen sie auf ihre zukünftige Führungsverantwortung vorbereitet werden?

- Wie kommunizieren wir die Reputation unseres Unternehmens so nach außen, dass klar wird, dass die Qualität unseres Führungsteams ein Schlüsselfaktor für den zukünftigen Erfolg ist?

Diese und ähnlich wichtige Fragen werden häufig mit informellen Ansätzen beantwortet. Schlüsselpersonen, die gegenwärtige oder potentielle Leiter von wichtigen Unternehmenseinheiten sind, werden beobachtet und ihre Leistungen erfasst und bewertet. Je nach den sich im Unternehmen ergebenden Möglichkeiten werden diese Führungskräfte mit zunehmend wichtigeren Aufgaben betraut. Unsere Erfahrungen zeigen allerdings, dass dieser Beurteilungsprozess abgebrochen wird, sobald nach Jahren mehr oder weniger genauer Bewertung festgestellt wird, dass die Führungskraft ihr höchstes Leistungspotential erreicht hat. Dadurch gehen dem Unternehmen wichtige Kandidaten für zukünftige Führungspositionen verloren. Die Erfahrung zeigt, dass die Entwicklung von oberen und obersten Führungskräften nicht vor drei bis fünf Jahren zu konkreten Ergebnissen führt. Die zukünftige Organisationsstruktur ist deshalb wichtiger als die heutige. Das bedeutet, dass die Strategien des Unternehmens die Grundlagen sind, um Art und Umfang der Managemententwicklungsprozesse zu bestimmen. Es sind die Strategien, die die Organisationsstruktur und somit die Anforderungen an die Führungskräfte prägen. Kurzfristig muss ein Unternehmen zwar von den verfügbaren Führungskräften geführt werden. Wenn diese der idealen Organisation aber nicht entsprechen, gibt es keine andere Möglichkeit, als die Organisation anzupassen. Die Führungskräfteentwicklung sollte jedoch immer auf die beste zukünftige Organisation ausgerichtet sein, die man realistischerweise verwirklichen kann.

Führungskräfteentwicklung auf zukünftige Organisation ausrichten

Mit dieser informellen, unsystematischen Vorgehensweise ist nicht auch bereits das Qualitätsniveau derjenigen Führungskräfte gewährleistet, die das Unternehmen oder eine Geschäftseinheit morgen erfolgreich in die Zukunft führen sollen. Spitzenführungskräfte sind ebenfalls häufig ein Produkt des Zufalls. Zur richtigen Zeit am richtigen Ort zu sein, die richtigen Leute zu treffen kann ein karriereentscheidender Glücksfall sein. Der Protégé einflussreicher Mentoren ist im Sinne eines Netzwerkmanagements im Hinblick auf seine Karriere im Vorteil. Glück lässt sich allerdings, wie im Abschnitt V, 8 gezeigt, innerhalb bestimmter Grenzen anziehen. So sagt Pasteur über das Glück: „Das Glück begünstigt nur den vorbereiteten Geist." Hand in Hand mit dem Glück geht eine hohe

Systematische Führungskräfteentwicklung notwendig

Unsicherheit in Bezug auf den Beitrag der Führungskräfte zur langfristigen Performance des Unternehmens. Das Spektrum ihrer Fähigkeiten reicht vom begnadeten Naturtalent bis hin zum schillernden Opportunisten. Die eigentliche Fähigkeit, profitable Wachstumsstrategien zu entwickeln und umzusetzen, wirksam zu kommunizieren, Mitarbeiter entsprechend zu inspirieren und zu motivieren, wird stillschweigend und als selbstverständlich vorhanden vorausgesetzt. In der Praxis zeigt sich, dass Führungskräfte, die eine höhere Führungsverantwortung übernehmen, zwar meistens über gute analytische Fähigkeiten und ausreichendes Managementwissen verfügen, ihre Leadership-Fähigkeiten und ihre charakterliche Festigkeit aber nicht selten noch zu wenig entwickelt sind.

Die konventionellen, informellen Ansätze der Nachwuchsauswahl und -förderung haben mehrere Nachteile; sie bergen Risiken der Produktion potentieller Versager, die nicht in der Lage sind, Wachstumsstrategien einzuleiten und umzusetzen oder größere Strategieänderungen durchzuführen; vor allem aber sind sie ein Ausdruck dafür, dass in der Prioritätsliste des Topmanagements die Nachwuchsauswahl und -förderung nicht den Rang haben, der ihrer Bedeutung für die Zukunft des Unternehmens zukommt. Die richtigen Leute für die richtigen Aufgaben vorzubereiten und einzusetzen, diese Fähigkeit ist in unserer komplexen Wirtschaft der entscheidende Wettbewerbsvorteil. Die Auswahl und Entwicklung der richtigen Mitarbeiter, so Jack Welch und mit ihm viele andere Spitzenführungskräfte, ist häufig wichtiger als die Entwicklung einer guten Strategie.

Teams mit Spitze und Teams an der Spitze

„Helmut Maucher, der unangefochtene frühere Chef des Nahrungsmittelkonzerns Nestlé, pflegt jeweils zu sagen, dass er in der Führung viel von einem Team mit Spitze halte, nicht jedoch von einem Team als Spitze, sprich: einem Debattierklub ohne klare Verantwortung. Auch Lohnstrukturen können diese Philosophie spiegeln. Während in dem einen Unternehmen der Mann an der Spitze auch mit seinem Vergütungspaket alle überragt, erhält er andernorts vielleicht

nur unwesentlich mehr als seine Kollegen in der Geschäfts-
leitung. Wenn man der ... veröffentlichten Ethos-Studie über
die Managerlöhne glauben darf, ergibt sich bei den fünf Spit-
zenverdienern des Schweizer Managements ein erstaunlich
klares Bild. Peter Brabeck ‚verdient' fast viereinhalbmal so
viel, wie man in der Nestlé-Geschäftsleitung (er selbst als
exekutives Verwaltungsratsmitglied eingeschlossen) im
Durchschnitt bekommt. Bei Daniel Vasella und Franz
Humer liegen diese Verhältniszahlen bei 3,75 beziehungsweise 2,75. Marcel Ospel kommt dagegen nur auf einen Faktor von 1,4. Dieser ist praktisch identisch mit dem Wert, der
sich für Walter Kielholz errechnet, wenn man bedenkt, dass
er nicht nur für die Credit Suisse tätig, sondern auch noch bei
der Swiss Re engagiert ist. Es ist selten ein Einzelner, sondern ein Team, das viel ‚verdient'."

Quelle: NZZ, Nr. 270, 20.11.2007, S. 16.

2 Eine Leadership-Strategie entwickeln

> *„Lerne Pläne auf eine Weise zu machen,*
> *dass das Schicksal deiner Truppen nicht*
> *vom guten oder schlechten Verhalten*
> *eines einzigen Unteroffiziers abhängt."*
> Friedrich der Große

Die zuverlässige Entwicklung von qualifizierten Führungskräften für Wachstumsstrategien ist vordringlich und ebenso wichtig wie die Ausschöpfung gegenwärtiger Gewinnpotentiale des
Unternehmens. Jedes Unternehmen braucht eine Leadership-
Strategie, das heißt ein integriertes Gesamtkonzept zur Nachwuchsauswahl und -förderung, das auf die Geschäftsstrategien
ausgerichtet ist. Die Leadership-Strategie beschreibt die verschiedenen Maßnahmen, mit denen Wachstumsstrategien
unterstützt werden, und enthält die Anforderungsprofile, die
für Wachstumsstrategien erwünscht sind. Das bewährte Prinzip
des Sich-hoch-Dienens von funktionaler Verantwortung zur
Leitung von Geschäftseinheiten und regionalen Gesellschaften
wird auch in Zukunft als Reservoir brauchbarer Führungs-

Die Leadership-Strategie

kräfte beibehalten werden. „Lernen aus Fehlern" geschieht auf den unteren Verantwortungsebenen. Auf dem Weg zu den oberen und obersten Führungspositionen muss aber eine intensive Führungskräfteschulung stattfinden. Die Erfolgsformel von General Electric für das Gewinnen des „Krieges um Talente" ist einfach: Stelle die besten Talente ein, gib ihnen die Möglichkeit, zu wachsen, schaffe in der Organisation eine Leistungskultur, erstelle ein Ranking deiner Führungskräfte, prüfe rigoros und systematisch ihre Leistung und Beförderungsfähigkeit, differenziere in Gehalt und Aufstiegsmöglichkeiten zwischen den besten und den am wenigsten effektiven Führungskräften, verkaufe Karrieren, nicht Arbeitsplätze.

Führungsfähigkeiten sind Führungsfähigkeiten; unterschiedlich ist jedoch der Kontext – die Kultur, die Geschichte, die Situation, die Verfahren und dergleichen mehr –, in dem geführt wird. Die Leadership-Strategie muss deshalb zuerst definieren, welche aus den Wachstumszielen und -strategien abgeleiteten

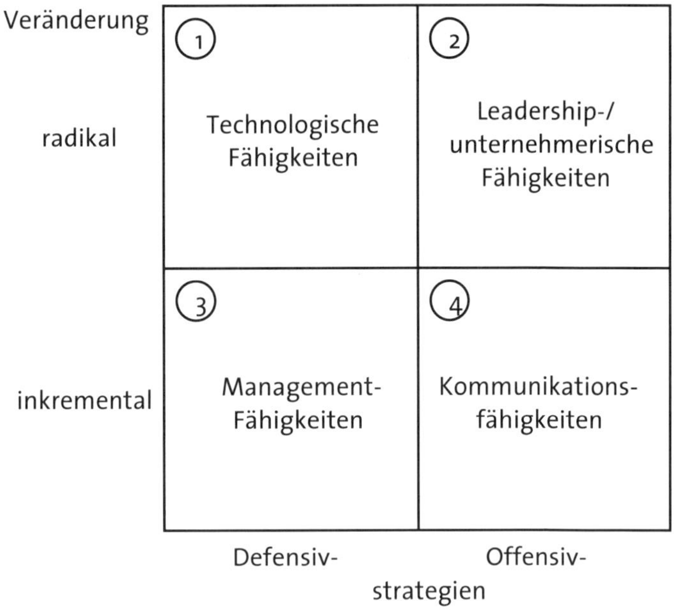

Abbildung 18: Führungsfähigkeiten in Abhängigkeit von der Art der Strategien und der Veränderungen.

Erwartungen an die Führungskräfte gestellt werden. Weniger ist hier mehr. Nach unseren Erfahrungen genügt es, vier oder fünf Verhaltensweisen zu definieren, die eine Führungskraft im Hinblick auf die Gestaltung von Veränderungsprozessen zu erfüllen hat. Eine einfache Matrix kann hier helfen: inkremen- Die Leadership- tale versus radikale Veränderungen, Defensiv- versus Offensiv- Matrix oder Wachstumsstrategien (Abbildung 18).

Die technologiegetriebene Verführung von Kunden (siehe 1. Quadrant Abschnitt II, 3) durch Erfüllung unbefriedigter Bedürfnisse, die radikale Veränderungen in Produkten, Dienstleistungen oder Strukturen/Prozessen verlangt, um bestehende Märkte erfolgreich zu verteidigen, vor allem *technologische Fähigkeiten,* wie sie von Ingenieuren und Naturwissenschaftlern mit unternehmerischem Antrieb verkörpert werden (1. Quadrant).

Wenn es dagegen, wie in Abschnitt II, 3 dargestellt, darum 2. Quadrant geht, sich abzeichnende Trends frühzeitig zu erkennen und rechtzeitig relevante Fähigkeiten aufzubauen, um davon in Zukunft Nutzen zu ziehen, wenn die Veränderungen radikal und die Strategien offensiv sind, werden *unternehmerisch denkende und handelnde Führungskräfte* benötigt, die eine Vision haben, diese glaubwürdig kommunizieren, die wissen, wie man mit Unsicherheiten, Ambiguität und Risiken umgeht, die die Energien ihrer Mitarbeiter mobilisieren und dergleichen mehr (2. Quadrant).

Sollen gewinnbringende Marktpositionen erfolgreich vertei- 3. Quadrant digt, also am Markt bereits existierende Gewinnpotentiale überlegen wahrgenommen werden, wenn die Veränderungsprozesse inkremental sind, sind mehr *Managementfähigkeiten* gefragt, zum Beispiel Prozessoptimierungen, Kostenkontrolle, Effizienzsteigerung, Disziplin, Planung und Ähnliches (3. Quadrant).

Sollen schließlich mit einer Offensivstrategie inkrementale 4. Quadrant Veränderungen – Produktverbesserungen, zusätzliche Dienstleistungen und dergleichen mehr – den Kunden zum Kauf anregen, hängt der Erfolg vor allem von den *Kommunikationsfähigkeiten* der zuständigen Führungskräfte ab (4. Quadrant).

Diese unterschiedlichen Anforderungen verlangen unterschiedliche Führungskräfte, die ihr „Lehrgeld" in entsprechenden Situationen verdient und Aus- und Weiterbildungsprogramme absolviert haben, die sie auf die neuen Aufgaben vorbereiten. Dabei geht es um die Vermittlung von Einstellungen und Führungsgrundsätzen, das Einüben strategiekonformen Führungsverhaltens, ganz allgemein um Leadership, aber auch um manageriale Methoden und Techniken.

3 Den Gesamtüberblick bewahren

> *„Nicht jeder, der sich bemüht, kann eine Gazelle erjagen,*
> *doch wer eine Gazelle erjagt, der hat sich sicher bemüht."*
> Annemarie Schimmel

Ganzheitlich Denken
Der Erfolg einer Führungskraft wird üblicherweise an der Wertsteigerung gemessen, den die von ihr geleitete Geschäftseinheit erzielt. Die Leadership-Strategie hat schließlich die Aufgabe, im Bewusstsein der Führungskräfte die Erkenntnis zu verankern, dass aufgrund der Komplimentaritäten zwischen den Geschäftseinheiten die Maximierung der Werte der Geschäftseinheiten nicht zu einem Gesamtoptimum des Unternehmens führt. Sie muss deshalb in den mentalen Modellen der Führungskräfte die Erkenntnis verankern, dass besonders aggressives Verhalten zur Wertsteigerung einer Geschäftseinheit die Wertsteigerung des Unternehmens schmälern kann. Die Leadership-Strategie hat deshalb die Aufgabe, eine ganzheitliche Betrachtungsweise zu vermitteln. Jede Führungskraft muss über die Fähigkeit verfügen, Probleme und Möglichkeiten in ihrem Verantwortungsbereich als Teile eines größeren Systems zu sehen („Helikopterfähigkeit") und die Vernetzungen zwischen den Geschäftseinheiten zu berücksichtigen.[2]

Ein Unternehmen kann die richtige Strategie verfolgen und dennoch scheitern, wenn die dafür verantwortlichen Führungskräfte nicht das „Big Picture" vor Augen haben, nicht ausreichend auf die Strategie vorbereitet sind und diese nicht wirksam umsetzen. Es zeugt deshalb von Leadership, wenn der Vorstand eine erfolgversprechende Strategie zurückstellt, weil die geeignete Führungskraft fehlt. Eine solche Entscheidung erfordert Mut und Selbstvertrauen, weil das Zeitfenster, das für den rechtzeitigen Eintritt in einen Markt offensteht, mit der Intensität des Wettbewerbs kleiner wird.

„Strategy follows people; the right person leads to the right strategy." Diese berühmte Aussage von Jack Welch wurde von allen von uns interviewten CEOs und Unternehmern uneingeschränkt geteilt. Viktor Vekselberg, CEO von Renova, betont, dass es für den Erfolg im Wirtschaftsleben wichtiger ist, etwas von der menschlichen Psyche zu verstehen als von Technik oder Wirtschaft. Über Erfolg oder Misserfolg einer Strategie entscheidet die Führungskraft, die dafür verantwortlich ist. Für ihn, wie für viele seiner Kollegen, kommt der Mensch zuerst: „Wenn jemand mit einer unausgereiften Idee zu mir kommt und ich sehe, es ist der richtige Mann, werde ich ihn unterstützen. Wenn hingegen die falsche Person mit einer guten Idee kommt, sage ich: ‚Mit Ihnen mache ich keine Geschäfte‘."

Strategy follows people

Wie erkennt man die richtige Frau oder den richtigen Mann? Der beste Prädiktor für das zukünftige Verhalten eines Menschen sind sein Verhalten in der Vergangenheit, sein Wertesystem und wie er sich nach Niederlagen wieder aufgerichtet und mit neuer Energie und Geschwindigkeit exzellente Leistungen erbracht hat. Bei der Auswahl von Kandidaten ist es zweckmäßig, Fragen zu stellen, die vergangene Erfahrungen betreffen, die für die gegenwärtige Position wichtig sind. Beispiele: „Was haben Sie in früheren Aufgaben getan, das ihre unternehmerische Kompetenz zeigt? Welches prioritäre Ziel haben Sie in ihrer letzten Tätigkeit nicht erreicht? Warum haben Sie Ihre letzte Tätigkeit aufgegeben? Die Frage nach dem Verhalten in der Vergangenheit ist wichtiger als der Versuch, Charaktereigenschaften zu analysieren. Letztlich muss jeder Unternehmer sich selbst Vorwürfe machen, wenn er nicht genug Energie in die Auswahl und Entwicklung seiner Führungskräfte investiert hat. Er ist deshalb wohl auch selbst daran schuld, dass sie in der Strategie nicht besser vorwärtskommen und die Umsetzung nicht klappt.

Verhalten in der Vergangenheit

Eine nicht delegierbare Führungsaufgabe

„My job is to put the best people on the biggest opportunities and the best allocations of dollars in the right place."
Jack Welch, former Chairman & CEO,
General Electric

„I am convinced that nothing we do is more important than hiring and developing people. At the end of the day you bet on people, not on strategies."
Larry Bossidy, former Chairman & CEO,
Honeywell International

Was zählt, so Alan George Lafley, der frühere CEO von Procter & Gamble, ist nicht die Zahl der Führungsaufgaben, die jemand im Laufe seiner Karriere wahrgenommen hat, sondern deren Qualität. Was zählt, ist auch die Fähigkeit, aus der Vielzahl von mehrdeutigen, widersprüchlichen und häufig trügerischen Informationen die herauszufiltern, die für strategische Entscheidungen benötigt werden. Dies setzt voraus, dass das Unternehmen eine lernende Organisation ist, in der unterschiedliche Sichtweisen und Interpretationen der Wirklichkeit diskutiert und in der Interaktion mit anderen zu einem „shared mindest" verdichtet werden. Die Schnelligkeit und Effizienz der IT-gestützten Kommunikation steht in vielen Fällen im umgekehrten Verhältnis zur Informationsverarbeitungskapazität des Menschen. Der Fußgänger bemerkt mehr von seiner Umwelt als der Autofahrer. Am meisten scheinen die Unternehmer und Führungskräfte von der Markt- und Umweltdynamik zu verstehen, die nicht mehr Wissen und Informationen zu verarbeiten haben als Alexander der Große oder Cäsar. Der Erfolg von Carlos Ghosn bei Nissan in Japan ist nicht zuletzt auf seine Fähigkeit zurückzuführen, aktiv zuzuhören, ungemein rasch und konstruktiv aus komplexen und widersprüchlichen Informationen zu lernen, seine Interpretation mit anderen zu diskutieren und gemeinsam neue Lösungen wirksam umsetzen zu lassen. Das beweist Mitarbeitermotivation und interkulturelle Sensibilität. Carlos Ghosn definiert wenige, jedoch klare und kontrollierbare Ziele.

Trügerische Informationen herausfiltern

126

Wer keine Führungsausbildung genossen hat und keine Führungsverantwortung nachweisen kann, die mit der zukünftigen Führungsrolle kohärent sind, darf nicht in die engere Wahl gebracht werden. Es ist peinlich und für die nachhaltige Wertsteigerung des Unternehmens schädlich, wenn eine Führungskraft diese Dinge erst „on the job" lernen muss.

Wachstumsstrategien brauchen pragmatische Visionäre mit einem Sinn für Humor: Visionäre, weil das der Grund ist, warum Wachstum angestrebt wird. Pragmatisch, weil man sich von der Vision zurücklehnen und das Machbare gestalten und umsetzen muss. Sinn für Humor, weil das der einzige Weg ist, die Balance angesichts des Widerstands gegen Veränderungen im Unternehmen zu wahren.

4 Den besten Führungskräften und Mitarbeitern mehr Zeit und Aufmerksamkeit widmen

> *„Die beste strategische Entscheidung, die ein*
> *Unternehmen im Personalbereich treffen kann, ist,*
> *den ‚Underperformern' zu helfen, bei den Konkurrenten*
> *unterzukommen und dabei zu hoffen,*
> *dass sie dort lang bleiben."*
> Dave Ulrich

Jedes erfolgreiche Unternehmen ist eine Meritokratie. Unternehmer und Führungskräfte verwenden ihre Zeit als Belohnung derjenigen, die die vereinbarten Ziele erreichen, ja vielleicht übertreffen und dies auf Wegen tun, die mit den Führungswerten des Unternehmens übereinstimmen. Der beste Prädiktor für die zukünftige Leistung eines Menschen ist, wie erwähnt, sein Verhalten in der Vergangenheit. Führungskräfte und Mitarbeiter, die in der Vergangenheit ihre Leistungsfähigkeit unter Beweis gestellt haben, erhalten deshalb in der Regel mehr Aufmerksamkeit, mehr Zeit und Unterstützung, zu wachsen und sich weiterzuentwickeln, als schwächere Führungskräfte und Mitarbeiter. Denn von ihnen können die größten Verbesserungen und Erschließungen von neuen Möglichkeiten erwartet werden.

Den besten Mitarbeitern mehr Aufmerksamkeit schenken

In einer kompetitiven Führungskultur, wie sie für die USA typisch ist und sich in schwierigen Zeiten auch in Europa durchsetzt, wird von den Vorgesetzten verlangt, dass sie ihre Führungskräfte und Mitarbeiter in drei Gruppen einteilen:

- die ±20 Prozent „high talent people"
- die ±70 Prozent „high potentials"
- die ±10 Prozent „less effective people"

Ähnliche Klassifizierungen finden sich zunehmend auch in europäischen Unternehmen.

Diese Klassifizierungen sind problematisch, die Grundidee ist richtig. Unkritisch angewandt, ist dieses Beurteilungssystem der Führungskräfte und Mitarbeiter eine der schlimmsten Managementinnovationen des vergangenen Jahrhunderts. Es kann die Führungskultur und die Moral zerstören, Teamgeist durch Neid und Rücksichtslosigkeit ersetzen sowie unproduktive Rivalitäten und schrankenlosen Egoismus fördern. Richtig angewandt, soll das System helfen, dass sich die Mitarbeiter mit sich selbst vergleichen, nicht mit den anderen; es soll mit anderen Worten den Mitarbeitern einen Spiegel vorhalten.

Richtig und mit Diskretion angewandt, wenn die Gründe untersucht werden, warum jemand die erwartete Leistung nicht bringt und wenn den „less effective people" geholfen wird, ihr Bestes zu geben und sie auch langfristig motiviert sind, führt das System zu einer Meritokratie – wie sie jedes Unternehmen sein sollte.

Mitarbeitereinteilung problematisch

Führungskräfte müssen sich Gedanken machen, warum bestimmte Mitarbeiter die vereinbarten Ziele nicht erreichen; die Gründe können vielfacher Art sein – das Umfeld, der Vorgesetzte, die Arbeitsbedingungen und dergleichen mehr. Für diejenigen, die auch nach Beseitigung dieser leistungshemmenden Faktoren über einen Zeitraum von ein bis zwei Jahren noch zu den „Underperformern" zählen, muss im Interesse des Unternehmens eine Trennung in die Wege geleitet werden. Führungskräfte und Mitarbeiter, die überdurchschnittliche Leistungen erbringen, müssen dagegen belohnt werden.

Diese Beurteilungen sind nicht einfach; sie setzen ein funktionierendes Leistungsbeurteilungssystem voraus. Hinzu kommt, dass die Leistungsstruktur der Führungskräfte und Mitarbeiter häufig keiner Normalverteilung folgt. Ein „forced ranking" in Bereichen mit bestens qualifizierten Mitarbeitern macht keinen Sinn und zerstört eine in vielen Jahren aufgebaute Führungskultur.

Mitarbeitern, die die Führungswerte des Unternehmens leben, die Ziele aber nicht erreichen, eine Chance im Unternehmen zu geben, kann häufig dem berechtigten Interesse des Unternehmens nach Spitzenleistungen besser entsprechen als ein rigider Bezug zur Normalverteilung.

Mitarbeiter zu halten, die sich nicht entwickeln, ist nach Jack Welch, dem früheren CEO von GE und einem der „Erfinder" der 70-20-10-Regel, eine „falsche Höflichkeit; es gibt nichts Schlimmeres", so Jack Welch, „als sich von Mitarbeitern in fortgeschrittenem Alter zu trennen, deren Berufsoptionen zunehmend eingeschränkt sind". Erfolgreiche Unternehmen sind eine Meritokratie

Unternehmer und Führungskräfte haben – zusammenfassend – *nicht* die Verantwortung für *einen* Mitarbeiter; sie sind nicht einem Seelsorger vergleichbar, für den jede gerettete Seele zählt. Sie haben die Verantwortung, das Überleben des Unternehmens nachhaltig zu sichern und ein wettbewerbsfähiges Unternehmen der nächsten Generation zu übergeben. Es geht letzten Endes nicht um Bestrafung der Schuldigen, sondern um Ermutigung der Erfolgreichen.

5 Wie kreativ und produktiv ist Ihr Unternehmen?

> *„Es ist nie zu spät, sich zu bessern."*
> Japanisches Sprichwort

Eine der wichtigsten Voraussetzungen, um in schwierigen Zeiten zu überleben und um das Unternehmen für den nächsten Aufschwung vorzubereiten, ist eine kreative und produktive Organisation, in der jeder bereit ist, neue Ideen vorzuschlagen und in seinem Bereich zu experimentieren. Kreativität und

Disziplin, nicht Technologie, sind die Schlüssel zum nachhaltigen Erfolg.

Fragebogen 5 enthält eine Selbstbeurteilungs-Übung, mit deren Hilfe sich feststellen lässt, wie kreativ und produktiv eine Organisation ist.[3]

Der Wert der Selbstbeurteilungs-Übung liegt nicht in einer oberflächlichen Beantwortung der Fragen und Ermittlung einer Punktzahl, die ein Unternehmen nach Maßgabe seiner Führungsqualität, Strategie, den richtigen Mitarbeitern und den taktischen Maßnahmen/der Umsetzung in eine von drei Kategorien einordnet (Abbildung 19). Der Wert der Übung liegt in der Interpretation der Antworten und in den Maßnahmen, die zur Verbesserung der Situation gefunden werden.

	Trifft völlig zu (1)	Trifft eher zu (2)	Neutral (3)	Trifft eher nicht zu (4)	Trifft überhaupt nicht zu (5)
Führung					
Das Führungsteam ... 1. ist offen für neue Möglichkeiten und deren Umsetzung.	1	2	3	4	5
2. gibt eine Richtung vor, die Sinn macht.	1	2	3	4	5
3. vereinbart herausfordernde Ziele und Rahmenbedingungen mit den Mitarbeitenden.	1	2	3	4	5
4. lebt die Werte, die es predigt.	1	2	3	4	5
5. schafft Werte für alle strategischen Stakeholder.	1	2	3	4	5
6. inspiriert die Mitarbeitenden, im Interesse des Unternehmens mitzudenken und mitzuhandeln und über ihr persönliches Eigeninteresse hinauszugehen.	1	2	3	4	5

7. schafft innovationsfördernde Rahmenbedingungen, die es den Mitarbeitern erlauben, kreativ auf neuen Wegen Probleme zu lösen und neue Möglichkeiten zu erschließen.

| 1 | 2 | 3 | 4 | 5 |

8. zeigt Wertschätzung vor denen, durch deren Engagement das Unternehmen sein Überleben nachhaltig sichert und seinen Kernauftrag erfüllt.

| 1 | 2 | 3 | 4 | 5 |

9. belohnt erfolgreiche Innovationsbemühungen, bestraft erfolglose, aber gut konzipierte Innovationsbemühungen nicht.

| 1 | 2 | 3 | 4 | 5 |

10. bietet den Mitarbeitenden die Möglichkeit, in ihren Aufgaben zu wachsen und sich weiterzuentwickeln.

| 1 | 2 | 3 | 4 | 5 |

Die richtigen Mitarbeiter

1. Die Führungswerte sind klar definiert.

| 1 | 2 | 3 | 4 | 5 |

2. Sie werden von oben nach unten und von innen nach außen gelebt und vorgelebt.

| 1 | 2 | 3 | 4 | 5 |

3. Das Unternehmen fördert eine positive Lebensqualität in seinem Umfeld.

| 1 | 2 | 3 | 4 | 5 |

4. Die Mitarbeitenden fühlen sich wohl am Arbeitsplatz und sind stolz auf das Unternehmen und auf das Führungsteam.

| 1 | 2 | 3 | 4 | 5 |

5.Das Führungsteam fördert organisationales Lernen auf allen Verantwortungsebenen.

| 1 | 2 | 3 | 4 | 5 |

6. Das Unternehmen belohnt und anerkennt die Mitarbeitenden, die die vereinbarten Ziele erreichen oder übertreffen und die Führungswerte leben und vorleben.

| 1 | 2 | 3 | 4 | 5 |

7. Das Unternehmen unterstützt das Engagement der Mitarbeitenden für Aufgaben im Dienst der Allgemeinheit.

| 1 | 2 | 3 | 4 | 5 |

8. Wirksames Führungsverhalten wird auf allen Verantwortungsebenen gefördert.

| 1 | 2 | 3 | 4 | 5 |

9. Das Unternehmen unterstützt die Mitarbeitenden in ihren Bemühungen, ihre Beschäftigungsfähigkeit zu erhöhen.

| 1 | 2 | 3 | 4 | 5 |

10. Gesellschaftliche Ereignisse werden geplant und Erfolge gefeiert.

| 1 | 2 | 3 | 4 | 5 |

Strategie

1. Die Wettbewerbsvorteile werden laufend weiterentwickelt.

| 1 | 2 | 3 | 4 | 5 |

2. Jede Führungskraft kann die Frage beantworten: „Wie werden wir im Markt gewinnen?"

| 1 | 2 | 3 | 4 | 5 |

3. Die Marktsegmentierung ist kundenorientiert und reflektiert die Stärken des Unternehmens.

| 1 | 2 | 3 | 4 | 5 |

4. Die Marktsegmente sind klar definiert, in denen den Kunden ein höherer Mehrwert geboten werden kann, als die Konkurrenten es zu tun in der Lage sind.

| 1 | 2 | 3 | 4 | 5 |

5. Das Marktsegment nützt eine Situation, deren Potential das Unternehmen erfolgreich in die Zukunft tragen kann.

1	2	3	4	5

6. Das Führungsteam weiß, welche Arten von Talenten benötigt werden, um neue Märkte zu erschließen.

1	2	3	4	5

7. Das Führungsteam weiß, welche Arten von Talenten benötigt werden, um in bestehenden Märkten noch erfolgreicher zu sein.

1	2	3	4	5

8. Das Unternehmen zieht die richtigen Talente an.

1	2	3	4	5

9. Die Geschäftseinheit schafft ausreichend Wert für die Kunden in den oben definierten Marktsegmenten, um nachhaltig profitabel zu sein.

1	2	3	4	5

10. Der Unterschied zwischen Kosten und Kundennutzen ist signifikant und nachhaltig positiv.

1	2	3	4	5

Taktische Maßnahmen/ Umsetzung

1. Die disziplinierte Umsetzung in Übereinstimmung mit der Strategie ist eine Hauptaufgabe der Führungskräfte.

1	2	3	4	5

2. Die Umsetzung ist ein Kernelement der Führungskultur.

1	2	3	4	5

3. Die Führungskräfte setzen klare Prioritäten und Ziele und stimmen die Aktionspläne untereinander ab.

1	2	3	4	5

4. Die Verantwortlichen für die Erreichung der Ziele sind klar identifiziert und werden für ihre Leistungen belohnt.	1	2	3	4	5
5. Die Führungskräfte pflegen den persönlichen Kontakt zu den Mitarbeitenden, durch deren Engagement die Ergebnisse erzielt werden.	1	2	3	4	5
6. Die Führungskräfte verfügen über die emotionale Stärke, um auch unangenehme Entscheidungen wirksam zu kommunizieren und umzusetzen.	1	2	3	4	5
7. Die Führungskräfte in den Funktionsbereichen wissen, welchen Teil des strategischen Plans sie erfüllen müssen.	1	2	3	4	5
8. Jede Geschäftseinheit verdient nachhaltig ihre Kapitalkosten.	1	2	3	4	5
9. Das Erfolgscontrolling ist das Kernstück der Umsetzung.	1	2	3	4	5
10. Das Kommunikationssystem fördert die Disziplin der Umsetzung und des Erfolgscontrollings.	1	2	3	4	5

Fragebogen 5: Selbstbeurteilungs-Übung zur Kreativität und Produktivität Ihrer Organisation (modifiziert nach Kunstler, 2001).

40–79:	Das Unternehmen ist nachhaltig kreativ und produktiv.
80–159:	Das Führungsteam denkt eher kurzfristig, Kreativität und Produktivität werden geschätzt, jedoch nicht kohärent in Ergebnisse umgesetzt.
160–200:	Das Unternehmen bietet praktisch keine Möglichkeit, dass sich Kreativität und Produktivität entfalten.

Abbildung 19: Interpretation der Ergebnisse der Selbstbeurteilungs-Übung.

6 Zusammenfassung für den eiligen Leser

> *„Das Gesicht eines Menschen erkennst du bei Licht,*
> *seinen Charakter im Dunkeln."*
> Rumi

Die Hauptergebnisse dieses Abschnitts sind:

- Die Auswahl und Entwicklung der Führungskräfte muss systematisch erfolgen und auf die zukünftige Organisation ausgerichtet sein.
- Die Leadership-Strategie basiert auf einer Matrix: Inkrementale/radikale Veränderungen versus Offensiv-/Defensivstrategien.
- Erfolgreiche Führungskräfte denken über die Grenzen ihres Verantwortungsbereiches hinaus und handeln entsprechend.
- Leadership verlangt, dass man den besten Führungskräften und Mitarbeitern mehr Zeit und Aufmerksamkeit schenkt als den weniger wirksamen.
- Kreativität und Produktivität eines Unternehmens oder einer Business Unit können gemessen werden.

135

7 Und was sagt Nasreddin?

Nasreddin findet auf der Straße eine alte, rostige Münze. Er zeigt sie seinem Freund, dem Goldhändler, der ihren Wert erkennt und Nasreddin dafür zehn Goldmünzen gibt.

Nasreddin betreibt Handel. Er ist sehr erfolgreich und kehrt abends mit einem Lederbeutel mit 100 Goldmünzen heim.

Vor der Haustüre wird er von zwei Räubern überfallen, die mit dem Lederbeutel und den Goldmünzen fliehen. Seine Frau sieht den Vorfall und ruft Nasreddin zu: „Was hat man denn dir genommen?"

„Eine alte, rostige Münze", antwortet Nasreddin.

Eine Moral von der Geschichte

Führende sind gelassen und akzeptieren, was nicht in ihrer Macht steht.

IV Taktische Maßnahmen mit rasch spürbaren Wirkungen

„Wer Pläne macht für das, was vorausliegt,
versichere sich zuerst dessen, was in greifbarer Nähe ist.
Wer nach dem Großen strebt, habe Acht auf das Kleine."
Konfuzius

Die gegenwärtige Zeit des Übergangs und der Unsicherheit
zwingt alle Unternehmen, nicht nur ihre Strategie, sondern
auch ihre taktischen Maßnahmen und ihre Routinen neu zu
durchdenken. Für (langfristige) Strategieänderungen bleibt
meist keine Zeit. Das veränderte wirtschaftliche Umfeld verkürzt den Planungshorizont (Abbildung 20). Der Fokus liegt
deshalb auf kurzfristiger und nachhaltiger Ergebnisverbesserung. Es geht in schwierigen Zeiten darum, kurzfristig zu überleben und das Unternehmen für den nächsten Aufschwung
vorzubereiten.

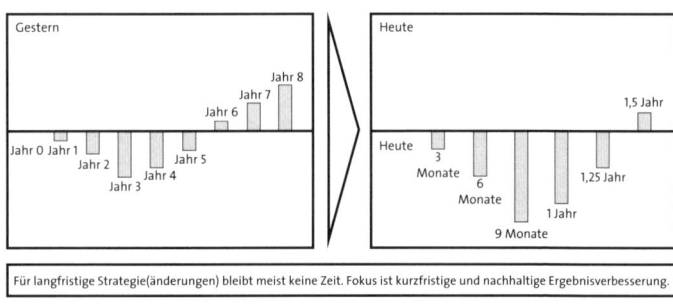

Abbildung 20: Das veränderte wirtschaftliche Umfeld verkürzt den
Planungshorizont.

Die grundlegenden Führungsanforderungen haben sich nicht
geändert. Die Krise zwingt jeden, über die Grenzen seiner bisherigen Leistungsfähigkeit und Leistungsbereitschaft hinauszugehen und seine Komfortzone zu verlassen (Abbildung 21).
Um andere Ergebnisse zu erzielen, ist es unumgänglich, anders
zu denken und neue Dinge zu tun. Solange wir uns innerhalb
unserer Komfortzone und unserer bisherigen Leistungsgren-
zen bewegen, werden die Dinge nicht besser.

138

Die Herausforderung ...

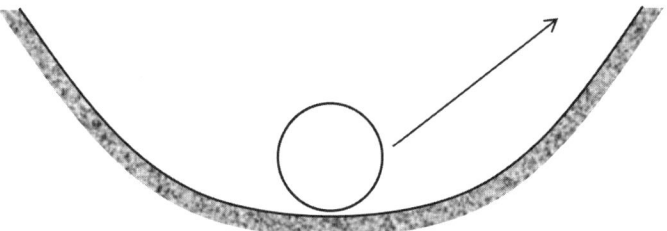

... die Bequemlichkeitszone verlassen und über die Grenzen der
bisherigen Leistungsbereitschaft hinausgehen.

Abbildung 21: Die Komfortzone verlassen.

Eine der Führungsmaximen von Jack Welch, dem früheren
CEO von General Electrics (GE), lautete: „Change before you
have to", ändere dich, bevor du gezwungen bist, dich zu
ändern. Je mehr wir neue Gewohnheiten entwickeln, je neu-
gieriger wir dem Leben gegenüber sind und je mehr wir experimentieren, desto stärker ist unsere Kreativität gefordert. Die
Lernkurve wird umso flacher, je länger man dasselbe tut.

Fragebogen 6 zeigt eine Selbstbeurteilungs-Übung, die helfen
kann, die eigene Veränderungsfähigkeit und -bereitschaft zu
messen.

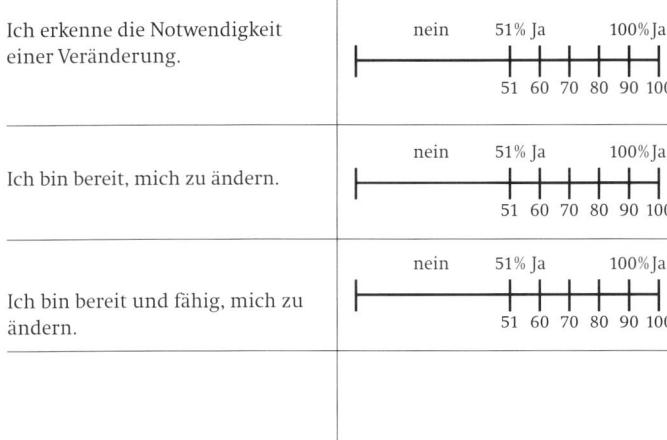

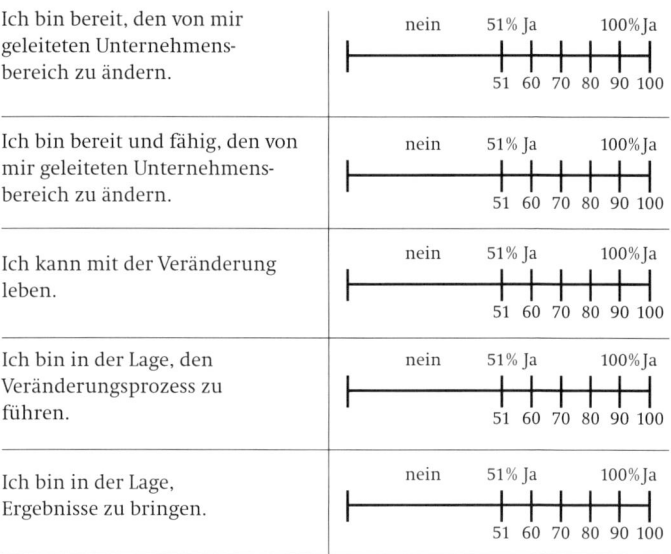

Ich bin bereit, den von mir geleiteten Unternehmensbereich zu ändern.	nein	51% Ja	100% Ja

Ich bin bereit, den von mir geleiteten Unternehmensbereich zu ändern.

nein   51% Ja   100% Ja
51 60 70 80 90 100

Ich bin bereit und fähig, den von mir geleiteten Unternehmensbereich zu ändern.

nein   51% Ja   100% Ja
51 60 70 80 90 100

Ich kann mit der Veränderung leben.

nein   51% Ja   100% Ja
51 60 70 80 90 100

Ich bin in der Lage, den Veränderungsprozess zu führen.

nein   51% Ja   100% Ja
51 60 70 80 90 100

Ich bin in der Lage, Ergebnisse zu bringen.

nein   51% Ja   100% Ja
51 60 70 80 90 100

Bitte schätzen Sie den Grad Ihrer Zustimmung oder Ablehnung zu jeder der obengenannten Aussagen ein. Die Skala reicht von Nein, 51 Prozent Ja (sehr geringe Zustimmung) bis 100 Prozent Ja (sehr starke Zustimmung).

Von Führungskräften muss in schwierigen Zeiten erwartet werden, dass sie die obigen Aussagen mit 90 Prozent bis 100 Prozent Zustimmung beantworten können.

Fragebogen 6: Selbstbeurteilungs-Übung zur Veränderungsbereitschaft und -fähigkeit.

1 Die Strategie bestimmt die Organisation und die Aktionspläne

> *„Jede Organisation ist perfekt konstruiert,*
> *um die Ergebnisse hervorzubringen,*
> *die sie hervorbringt."*
> Edward Deming

Ziel der Strategie: Nachhaltig überleben Die Strategie ist, wie in Abschnitt II dargelegt, ein integriertes Gesamtkonzept zur Erreichung von Zielen. Das Ziel in wirtschaftlich schwierigen Zeiten ist, das nachhaltige Überleben des Unternehmens zu sichern, es für den nächsten Aufschwung vorzubereiten, stärker zu machen und ein gesundes Unternehmen der nächsten Generation zu übergeben. Alle organisatorischen Maßnahmen und alle Aktionspläne sind diesem Ziel unterzuordnen.

In Krisenzeiten besteht das Problem darin, die richtige Balance zwischen Mikromanagement und Delegation zu finden. Mikromanagement ist grundsätzlich eine Fehlleistung der Führungskräfte; es ist das Eingreifen und Hineinregieren in die Aufgabenbereiche der Mitarbeiter anstelle der Führung durch Delegation. Auf der einen Seite erfordert die Situation rasche und oft auch harte Eingriffe, auf der anderen Seite sind die Komplexität und Vielfalt der einzelnen Prozesse so groß, dass selbst der begabteste Unternehmer und die fähigste Führungskraft sich nicht mit dem Argument des besseren Wissens, des größeren Könnens oder der reicheren Erfahrung in jeden beliebigen Vorgang im Unternehmen berechtigt einmischen kann.

Mikromanagement ist Fehlleistung der Führenden

„Die Strategie ist", so Moltke, „nichts weiter als die Anwendung des gesunden Menschenverstandes". So sollte der gesunde Menschenverstand, der allerdings ein sehr knappes Gut ist, die richtige Grundlage für direkte Eingriffe des Unternehmers und seines Führungsteams in organisatorische Umstrukturierungen und in taktische Vorgänge sein; sie können aber nicht so beschlagen sein, dass sie gefahrlos das Urteil ihrer Fachleute übersteuern dürfen.[1]

Führen in Krisenzeiten erfordert eine hohe Selbstkontrolle und Selbsterziehung der obersten Führungskräfte. Nach unseren Erfahrungen verwenden in schwierigen Zeiten die obersten Führungskräfte etwa 80 Prozent ihrer Zeit und Energie für taktische Maßnahmen und etwa 20 Prozent für neue Produkte und Dienstleistungen für den kommenden Aufschwung (Abbildung 22). Die Fragen, die sich die Führungskräfte stellen müssen, lauten:

In Krisenzeiten 80 Prozent Taktik, 20 Prozent Strategie

- Wenn ich Ebenen überspringe, werde ich damit meinem Auftrag der strategischen Führung des Unternehmens gerecht?
- Weiß ich wirklich mehr als die eigentlich Zuständigen und Verantwortlichen?
- Werfe ich den Führungskräften nicht „Knüppel vor die Beine", so dass deren Kreativität, Sachkenntnis und Können nicht zum Tragen kommen?

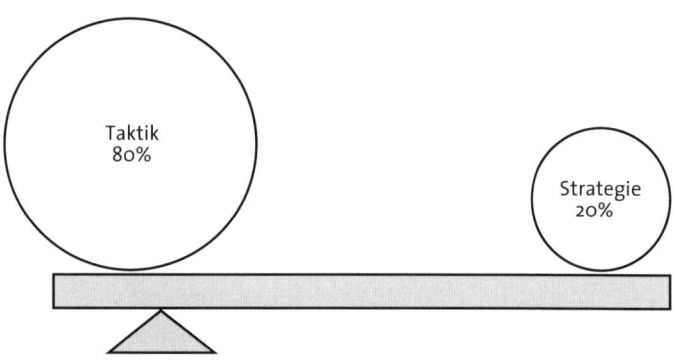

Abbildung 22: Die Balance zwischen Strategie und Taktik in wirtschaftlich schwierigen Zeiten.

Die Geschichte von den drei Fischen

In einem Teich leben drei Fische: ein intelligenter, ein halbintelligenter und ein dummer Fisch. Fischer kommen vorbei und bemerken die Fische. Während sie ihre Netze vorbereiten, verlässt der intelligente Fisch den Teich, um sich in einer günstigeren Umwelt niederzulassen. Die Fischer werfen ihre Netze aus und fangen den halbintelligenten Fisch. Dieser stellt sich tot, und es gelingt ihm unter Aufbringung aller Kräfte in den Teich zurückzuschnellen und dem intelligenten Fisch auf der Flucht zu folgen, während die Fischer den dummen Fisch aus dem Wasser holen. Für diesen gibt es kein Entrinnen.

Quelle: Rumi, 2000, IV, 2002.

Die Moral von der Geschichte

Unternehmer und Führungskräfte müssen immer vorbereitet sein, rechtzeitig ihre Komfortzone zu verlassen, sich von lieb gewordenen Gewohnheiten und Produkten zu trennen und sich mit Phantasie und Professionalität neuen, erfolgversprechenden Aufgaben zuzuwenden.

2 Strategische Fehler in schwierigen Situationen

> *„Wenn du einfach das weiter machst,*
> *was dich in deiner Karriere bis heute erfolgreich*
> *gemacht hat, wirst du mit Sicherheit scheitern."*
> Autor unbekannt

In wirtschaftlich schwierigen Zeiten überwiegt die *Kurzfrist-* Kurzfristmentalität
mentalität. Führungskräfte und Unternehmer, die – nicht aus
eigener Schwäche, sondern wegen der Macht der Verhältnisse –
nichts bewegen können, wollen wenigstens oder müssen im
Kleinen etwas rasch nach vorne bringen. Es ist dies die Flucht
aus der Strategie in die Taktik.

Gleichzeitig ist auch eine langfristige Perspektive notwendig,
um neue Produkte und Dienstleistungen, neue Verfahren und
Organisationsformen für den nächsten Aufschwung vorzubereiten.

Ein zweiter Fehler besteht darin, nicht mit Hilfe der Pareto-
Analyse die ±20 Prozent der *Probleme im operativen Bereich*
zu lösen, die ±80 Prozent an Ineffizienz, Verschwendung und
Frustration der Mitarbeiter bewirken. Bevor Mitarbeiter ent-
lassen und Kurzarbeit eingeführt werden, ist es zweckmäßiger,
grundlegende Gewohnheiten, Routinen und Abläufe zu überprüfen und den geänderten Gegebenheiten anzupassen sowie
Ineffizienzen und Verschwendung zu beseitigen.

Ein dritter Fehler besteht darin, Dienstleistungen zu streichen,
an die sich die Kunden gewöhnt haben.

Besonders in Krisenzeiten will der Kunde ein Maximum aus
seiner Wertschöpfungskette und aus seiner Infrastruktur her-
ausholen. Das Unternehmen muss sich deshalb in die Wertschöpfungskette nicht nur der Kunden, sondern auch in die der
Kunden seiner Kunden hineinversetzen und ihnen die Dienstleistungen weiterhin anbieten, die ihm das Leben erleichtern
und seine Wettbewerbsfähigkeit erhöhen. Auch kleine Dienstleistungen können beitragen, die Loyalität des Kunden zu
erhalten und zu festigen. Das Unternehmen muss sich die
Liebe der Kunden verdienen.

Kommunikations-fehler

In schwierigen Zeiten zeigt sich, dass die Mitarbeiter mit der *internen Kommunikation* anders umgehen. Es bilden sich kleine Gruppen, innerhalb denen gesprochen oder E-Mails ausgetauscht werden. Empirische Befunde zeigen: Je größer die von den Mitarbeitern wahrgenommene Unsicherheit ist, desto mehr Gruppen bilden sich im Unternehmen, deren Mitglieder untereinander Informationen austauschen, diese jedoch nicht mit Mitgliedern anderer Gruppen teilen. Es ist ein Fehler, Anzeichen von *gruppeninterner Kommunikation* nicht zu beobachten, die Ausdruck einer organisationalen Krise sind. Die Unternehmensleitung kann dem durch eine gezielte und umfassende interne Kommunikation gegensteuern. Glaubwürdige Kommunikation ist in schwierigen Zeiten unabdingbar. Auf der einen Seite muss die Unternehmensleitung den Tatsachen ins Auge sehen, auf der anderen muss sie Zuversicht ausstrahlen.

Innovative Unternehmen schaffen Arbeitsplätze

Ein weiterer Fehler in schwierigen Zeiten ist, die Ausgaben für Forschung und Entwicklung zu kürzen. Wer in Innovation investiert, erhöht die Chancen auf nachhaltiges Wachstum. Empirische Untersuchungen zeigen, dass Unternehmen, die offensiv in die Entwicklung neuer Produkte und Dienstleistungen investieren, im Drei-Jahres-Durchschnitt sowohl ihren Umsatz als auch die Zahl ihrer Mitarbeiter steigern. Unternehmen, die sich hingegen reaktiv auf die Verbesserung und Neugestaltung von Prozessen konzentrieren, erhöhen wohl ihren Umsatz, die Beschäftigtenzahl aber nicht.

Jack Welch bezeichnet den *Budgeting-Prozess* als „the most ineffective practice in management". In schwierigen Zeiten ist das Budget spätestens in dem Augenblick überholt, in dem der mühsame und langwierige Prozess seiner Erstellung beendet ist. Je schneller sich die wirtschaftlichen Bedingungen ändern, desto geringer ist der Nutzen des Budgets. Die Alternative ist die *Szenario-Planung*. Für jedes Szenario – zwei genügen – müssen Aktionspläne entwickelt werden, mit denen rechtzeitig auf *Strategic Issues* geantwortet werden kann. Der entsprechende Aktionsplan muss dann in Form einer „rollenden Planung" in die Zukunft weiterentwickelt werden. In schwierigen Zeiten, in denen der Kurs des Unternehmens rasch geändert werden muss, ist ein rascher Austausch von Informationen zur Abstimmung der Führungskräfte besonders wichtig.

Strategic Issues ermitteln

144

Eine in Krisenzeiten häufig beobachtete Maßnahme ist die Streichung von *Aus- und Weiterbildungsprogrammen* für Führungskräfte und Mitarbeiter. Programme, die für die Organisation keinen Mehrwert bringen und somit nicht notwendig sind, haben keine Berechtigung. Es wäre jedoch ein Fehler, den Mitarbeitern keine Aus- und Weiterbildungsprogramme anzubieten, die der Stärkung der Kundenloyalität, dem Angebot neuer Problemlösungen für die Kunden und die Kunden der Kunden, dem Gewinnen neuer Kunden und dergleichen mehr dienen. Den Mitarbeitern muss ein neues Wissen angeboten werden, mit dem sie den externen und den internen Kunden einen zusätzlichen, nicht erwarteten Nutzen anbieten. Es geht darum, den Kunden im positiven Sinn zu beeindrucken und auf das Unternehmen aufmerksam zu machen. Erfolgreiche Unternehmen begeistern ihre Kunden; noch mehr, sie werden von den Kunden geliebt. Wie kann ein Unternehmen von den Kunden geliebt werden? Die Antwort ist einfach: Dies gelingt, wenn die Mitarbeiter die Kunden lieben. Dieses Wie muss in Aus- und Weiterbildungsseminaren vermittelt werden.

Aus- und Weiterbildungsprogramme

Preissenkungen sind in schwierigen Zeiten ein Fehler, der ein Unternehmen bald aus dem Geschäft bringen kann. Ein Unternehmer bezeichnet Preissenkungen in einer länger andauernden Rezession als Selbstmord. Auf die Preispolitik wird im nächsten Abschnitt eingegangen.

Preissenkungen sind strategische Fehler

Die Liste der größten Fehler in schwierigen Zeiten ließe sich leicht verlängern. Der Leser möge die Liste weiterführen; er dürfte keine Schwierigkeiten haben, in seinem Umfeld weitere Beispiele zu finden. Ich weise auf die folgenden Fehler hin:

1. die Ressourcen gleichmäßig auf Strategische Geschäftseinheiten, Märkte, Projekte und Prioritäten verteilen,
2. von allen Unternehmensteilen die gleiche Senkung der Fixkosten, den gleichen Prozentsatz an Mitarbeiterabbau und dergleichen mehr verlangen,
3. es versäumen, die richtigen Produkte und Dienstleistungen für den kommenden Aufschwung zu haben,
4. die Organisation nicht der erwarteten Entwicklung anpassen.

Ressourcen gleichmäßig verteilen

Gleiche Senkung der Fixkosten

Keine neuen Produkte

Es ist die Verantwortung der obersten Führungskräfte, in schwierigen Zeiten Entscheidungen zu treffen, die sie in einem wohlwollenden Markt vielleicht nicht treffen würden. Es geht aber gleichzeitig auch darum, Rücksicht auf die berechtigten Werte, Einstellungen und Erwartungen der Mitarbeiter zu nehmen. Es kommt auf das Wie an.

Fehler notwendig für Wachstum Fehler sind für unser Wachstum notwendig. Wir lernen aus unseren Misserfolgen mehr als aus unseren Erfolgen. Fehler sind unvermeidlich, wenn wir unsere Komfortzone verlassen und über die Grenzen unserer bisherigen Leistungsfähigkeit hinausgehen. Es kommt – wie immer im Leben – auf die Einstellung an. Wenn wir das Neue, häufig Stresserregende als schlecht und unnormal ansehen, werden wir verunsichert und leisten weniger; wenn wir es dagegen als normales Element des Lebens betrachten, woraus man lernen kann und auf das man antworten muss, werden wir den Herausforderungen gewachsen sein.

Haftungsrisiko für Aufsichtsräte

Der Geschäftsführer einer GmbH stellte trotz Zahlungsunfähigkeit und Überschuldung des Unternehmens keinen Insolvenzantrag, sondern tätigte weiter Auszahlungen aus dem Vermögen der Gesellschaft. Auch zog er Forderungen auf die im Minus geführten Geschäftskonten ein. Der Insolvenzverwalter machte dafür neben dem Geschäftsführer die Mitglieder des freiwillig gebildeten Aufsichtsrats der GmbH verantwortlich und verlangte nach § 93 Absatz 3 Nummer 6 Aktiengesetz Schadenersatz. Das OLG verurteilte die Unternehmenskontrolleure zu Schadenersatz in Millionenhöhe.

Quelle: Pölsing Ph., F.A.Z., 13.5.2009.

3 Taktische Maßnahmen, die rasch spürbare Veränderungen bringen

„Don't let crises manage you."
John F. Kennedy

In schwierigen Zeiten wird von den Führungskräften erwartet, dass sie *präsent* sind, das heißt nicht *zu oft,* aber doch oft *genug* bei den Mitarbeitern erscheinen, um stets über alles genau unterrichtet zu sein und, wenn notwendig, helfend eingreifen zu können. Leadership heißt aktiv zuhören und Anregungen geben.

Präsent sein und Zuversicht ausstrahlen

Eine weitere Eigenschaft erleichtert Führen in schwierigen Zeiten: *Humor.* Die Mitarbeiter empfinden Leadership umso dankbarer und erfrischender, je öfter die Führenden ein freundliches Gesicht und ein freundliches Wort haben, jede Neigung zur Heiterkeit begünstigen und Erfolge gemeinsam feiern. Mit dem Humor hängt eine wichtige Gabe zusammen – die der *Begeisterung.*

Humor

In schwierigen Zeiten wird von Führungskräften vor allem erwartet, dass sie ein Gespür haben, wohin sich der Markt entwickelt und welche Produkte und Dienstleistungen die Kunden wirklich wollen. Von den Führungskräften wird, wie in Abschnitt I, 3 dargestellt, Leadership/Unternehmertum erwartet.

DuPont Ellen Kullmans Four Principles for Moving Ahead during Turbulent Times

1. Focus on what you can control
Financial directives for preserving cash:

- maximize variable contribution dollars,
- focus on strategic pricing,
- drastically reduce spending,
- zero-base capital expenditures,
- reduce working capital.

2. Rethink your business model
- change the way you think,
- get people to think differently,
- address broader customer needs through high-value services,
- start small pilot projects.

3. Communication is key
- make aligned teams understand very clearly what the goals and the trade offs are,
- get out in front of your people.

4. Maintain pride around the company's mission
- reducing costs is tactic,
- stick to the company's mission. People want direction,
- make sure that people understand the mission,
- link people's daily activities to the mission,
- make people who have a lot of pride in the mission understand that the mission is not going to change,
- you have to capture that heart and soul.

Quelle: Adaptiert von: Knowledge@Wharton, 24.6.2009.

Der persönliche Umgang mit den Mitarbeitern ist deshalb wichtig, weil er es erlaubt, die *taktischen Maßnahmen* zur Ergebnisverbesserung wirksam umzusetzen. Taktische Maßnahmen, die rasch spürbare Veränderungen bringen, sind:

Produktivitäts-
steigerungen

1. *Produktivitätssteigerungen:* Erhöhung der Arbeits- und Kapitalproduktivität. Beispiele: Lagerumschlag erhöhen, Arbeitskosten senken, Umlaufvermögen reduzieren und dergleichen mehr. Muss sich das Unternehmen von Mitarbeitern trennen, gilt folgende Erfahrungsregel: Ein Abbau von 5 Prozent der Belegschaft schafft Unruhe bei 80 Prozent der Mitarbeiter. Der Abbau von Mitarbeitern kann wohl kurzfristig die Bilanz sanieren, langfristig aber die Führungskultur ruinieren.

Abbau von
Mitarbeitern kann
Führungskultur
ruinieren

2. *Cash-Management:* In wirtschaftlich schwierigen Zeiten ist die Aufrechterhaltung der Zahlungsfähigkeit eine der wichtigsten taktischen Maßnahmen.

Cash-Management

3. *Innovation:* Unbefriedigte Kundenbedürfnisse aufspüren und durch Differenzierung Premiumpreise erzielen.

Innovation

4. *Pricing:* Pricing-Politik und Konditionensysteme überprüfen, um den Gewinn durch ein strategisches Pricing zu steigern.

Pricing

5. *Werte:* Die gelebten und vorgelebten Werte auf Nachhaltigkeit ausrichten.

Werte

6. *Wissensmanagement:* Dafür sorgen, dass das im Unternehmen vorhandene Wissen denen zur Verfügung gestellt wird, die es brauchen.

Wissensmanagement

Diese sechs taktischen Maßnahmen mit rasch spürbaren Wirkungen sind alles andere als neu. Man senkt Kosten, reduziert das Lager und damit das dort gebundene Kapital, erhöht die Produktivität, strukturiert das Unternehmen um, gewährt den Kunden kurze Zahlungsziele, zahlt selbst aber möglichst spät: All das gehört zum unternehmerischen Alltag. Neu in Krisenzeiten ist die *Dringlichkeit*, mit der liquide Mittel geschont und, wenn möglich, vermehrt werden. Die dazu notwendigen Maßnahmen sind bekannt und brauchen hier nicht erörtert zu werden.

Sinn für Dringlichkeit

„The name of the game", so lautet die Botschaft in der Welt des Unternehmens, heißt Innovation. Innovation ist aber mehr als neue Produkte und Dienstleistungen. Innovation heißt in einer turbulenten Wirtschaft, ein neues Geschäftsmodell entwickeln, neue Märkte erschließen, unartikulierte Kundenbedürfnisse erfüllen, Geschäftsprozesse neu erfinden; darüber hinaus umfasst die Innovation auch die notwendigen Veränderungen in der Organisation sowie in den Führungs- und Umsetzungssystemen, damit auf Dauer haltbare Wettbewerbsvorteile erzielt werden. Wenn das Unternehmen nach einem überholten Geschäftsmodell vorgeht, nützen auch die beste Innovation und die beste Strategie wenig.

Innovation

Zwei Fragen sollen hier behandelt werden, die in Krisenzeiten zu wenig Aufmerksamkeit erhalten: Strategisches Pricing und Führen mit Werten.

4 Strategisches Pricing

> *„Ich habe zuviel bezahlt, aber es war es wert."*
> Samuel Goldwyn

Die Auswirkungen einer kleinen Preisänderung auf die Profitabilität eines Unternehmens sind viel größer als die Auswirkungen anderer operativer Maßnahmen. Empirische Untersuchungen von Hinterhuber & Partners zeigen, dass eine Preiserhöhung um 2 Prozent den EBIT um 14 Prozent verbessert; die Senkung der fixen und variablen Kosten sowie eine Umsatzsteigerung, jeweils um 2 Prozent, machen in Summe nur wenig mehr als eine Erhöhung der Preise im gleichen Ausmaß aus (Abbildung 23).[2] Die herausragende Rolle der Preispolitik findet sich auch bei Commodities, das heißt bei alltäglichen Produkten, wo auch in Krisenzeiten durch eine geschickte Differenzierung eine moderate Preiserhöhung machbar ist (Abbildungen 24 und 25).

Die Voraussetzung für Preiserhöhung ist, dass ein Unternehmen innovativ seine Produkte so differenziert, dass der Kunde in seiner Wertschöpfungskette und/oder in seiner Psychologie einen Mehrwert im Vergleich zu Konkurrenzprodukten wahrnimmt. Dem Kunden muss das Leben angenehm gemacht werden. Dazu muss der Kundenwert bestimmt werden.

Der Kundenwert ist der Preis, den der Kunde für die beste Alternative zahlen würde – das ist der Referenzwert –, plus den Wert der Differenzierung für den Kunden. Referenzwert plus Differenzierungswert bestimmen den Kundenwert und somit den Preis. Die Differenzierung setzt innovative Lösungsangebote voraus, sie kann sich aber auch aus vielen Selbstverständlichkeiten ergeben, die das Unternehmen in die Einzigartigkeit führen. Selbstverständlichkeiten sind zum Beispiel die gelebten Kulturwerte des Unternehmens, die Hilfsbereitschaft, Freundlichkeit, all das, womit wir den Kunden durch unser

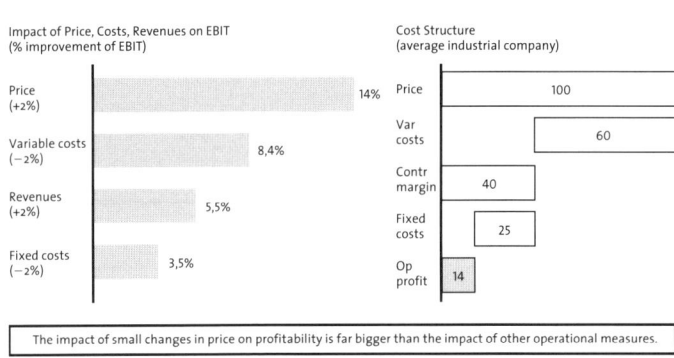

Abbildung 23: Der Einfluss der Preisgestaltung auf die Profitabilität
(Quelle: Hinterhuber & Partners, 2009).

Verhalten überraschen. Zu den Selbstverständlichkeiten zähle ich aber auch, dass wir uns in die Kunden unserer Kunden hineinversetzen, dass wir ihnen helfen, ihre Kunden noch wettbewerbsfähiger zu machen. Auch kleine Unterschiede machen viel aus.

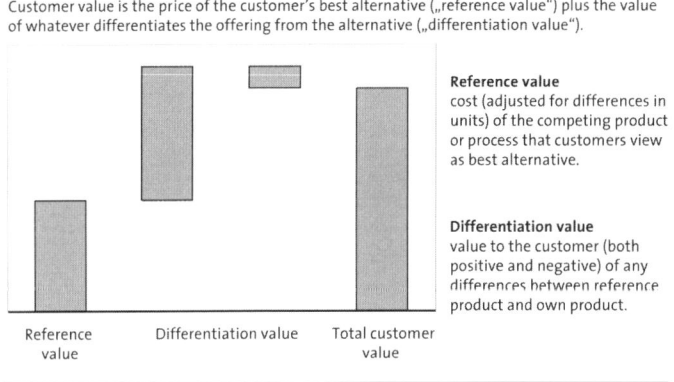

Abbildung 24: Kundenwertfokussierte Preispolitik.

Wege zu strategischem Pricing[3]

Das wichtigste Merkmal nachhaltig profitabler Pricing-Strategien ist, dass sie sich am Kundenwert orientieren, das heißt, dass sie Preise nicht in Abhängigkeit von Kosten, nicht in

Abhängigkeit von Preisen von Wettbewerbsprodukten, sondern primär in Abhängigkeit vom subjektiven Wert aus Kundensicht (Kundenwert), also seiner Zahlungsbereitschaft, bestimmen. Kundenwert oder Zahlungsbereitschaft ist der Preis, der den Kunden indifferent lässt zwischen Kauf und Nichtkauf: Kundenwert ist die Summe des Referenzwertes (Preis der besten Alternative aus Kundensicht) plus dem Wert der differenzierenden Faktoren. Kundenwert lässt sich ausschließlich empirisch erheben, durch Messung (beispielsweise Conjoint-Analysen), Schätzung (beispielsweise Expertenschätzungen des Unternehmens selbst) oder Beobachtung (Analyse historischer Zahlungsbereitschaften, Auswertung der Daten von Testmärkten). Führende Unternehmen messen regelmäßig den Kundenwert ihrer Schlüsselprodukte und nützen die Ergebnisse zur Überprüfung der Preispositionierung, aber auch als Instrument zur Entwicklung neuer Produkte oder als Instrument zur Verbesserung der Kommunikation mit dem Kunden (durch Werbung, Außendienst, Messe).

Weiter: Pricing muss stärker an die Geschäftsführung gebunden werden. Jeff Immelt, Vorstandsvorsitzender von GE, stellt fest, dass in der Vergangenheit Vertriebsmitarbeiter bei GE konzernweit etwa 50 Milliarden Dollar an Verhandlungsspielraum durch unklar definierte Verantwortlichkeiten im Pricing haben. Bei GE und vielen kleinen und mittelständischen Unternehmen führt diese Erkenntnis dazu, Pricing wesentlich stärker an die Geschäftsführung anzubinden und das gesamte Unternehmen auf die Wichtigkeit von Pricing einzuschwören. GE, PepsiCo, Swiss Re und zahlreiche Mittelständler unterstreichen die zentrale Bedeutung von Pricing dadurch, dass diese Unternehmen einen „Chief Pricing Officer" mit Ressourcen und Kompetenzen zum Preismanagement ausstatten und diese Funktion eng an die Unternehmensleitung anbinden. Selbst für Unternehmen mit Umsätzen ab 100 Millionen Euro ist die Einrichtung dieser Funktion sinnvoll, lassen sich doch dadurch typischerweise Ergebnisverbesserungen von ein bis zwei Prozentpunkten in der operativen Umsatzrendite erzielen.

Chief Pricing Officer

Profitables Pricing erfordert eine Überprüfung der Konditionensysteme. Vereinfacht ausgedrückt gilt, dass gute Konditionensysteme Leistungen an Kunden (Gewährung von Preisnachlässen) an Leistungen durch Kunden (Unterstützung der Erreichung strategischer und operativer Ziele) binden. Schlechte Konditionensysteme gewähren Nachlässe ohne nachvollziehbare Basis. Als erstes praxiserprobtes Instrument empfehle ich, Preisnachlässe (in Prozent vom Listenpreis) und Jahresumsatz von Kunden auf einer Matrix grafisch abzutragen. Fehlt hier ein Zusammenhang, müssen Konditionensysteme geändert werden.

Um Pricing erfolgreich im Unternehmen zu verankern, sind meist auch die Vergütungssysteme zu verändern. Wenn die Bezahlung des Außendienstes sich in erster Linie nach Menge richtet, sind Vertriebsmitarbeiter beim Preis zu Eingeständnissen bereit. Das heißt: Nachhaltig profitables Pricing erfordert, Mitarbeitern im Marketing und im Vertrieb Anreize zu bieten, für Pricing Verantwortung zu übernehmen, in etwa dadurch, dass sich die Vergütung nicht nach Menge, sondern am absoluten Deckungsbeitrag richtet.

Praxisbeispiele für profitables Pricing

Gutes Pricing ist selten. Empirische Untersuchungen von Hinterhuber & Partners belegen, dass mehr als 80 Prozent der Unternehmen ihre Preise primär entweder anhand von Wettbewerb oder anhand von Kosten bestimmen. Nur etwa 15 Prozent aller Unternehmen bestimmen ihre Preise nach dem Wert, den ihre Produkte beim Kunden schaffen. Was sind Beispiele guter Pricing-Strategien (Abbildung 25)?

In einem jüngst abgeschlossenen Projekt arbeiteten Hinterhuber & Partners als Berater für einen mittelständischen B2B-Zulieferer in der Metallindustrie, dessen Hauptprodukte zunehmend unter Wettbewerbsdruck aus Asien kamen. Das Preisgefälle zwischen zwei Schlüsselprodukten betrug 20 Prozent, das europäische Unternehmen verlor progressiv Marktanteile. „Unsere Produkte werden zu Commodities", lautete die Meinung der Geschäftsführung. Die Frage, die uns als Beratern gestellt wurde, war, ob es besser sei, Preise zu halten und Menge zu verlieren oder Preise zu senken, in der

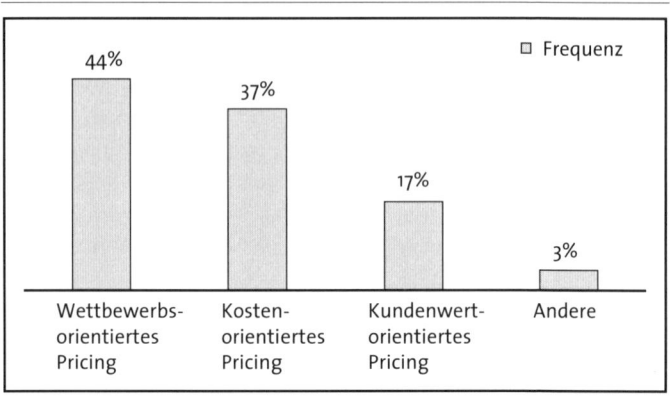

Abbildung 25: Verbreitung alternativer Pricing-Ansätze in der Praxis
(Quelle: Hinterhuber & Partners Studie 2009).

unsicheren Hoffnung, Mengen zu steigern oder wenigstens zu halten.

Unser erster Schritt in diesem Projekt war, herauszufinden, ob Kunden sich tatsächlich primär nach dem Preis richten oder ob es Kundensegmente gab, die nur deshalb nach dem Preis einkaufen, weil bestehende und latente Kundenbedürfnisse nicht ausreichend erfüllt werden. In einer qualitativen Untersuchung mit etwa zwei Dutzend Schlüsselkunden und einer quantitativen Conjoint-Analyse mit über 100 Kunden ermittelten wir die Wichtigkeit von und Zahlungsbereitschaft für bestehende und neue Differenzierungsmerkmale. Diese Untersuchung brachte überraschende Ergebnisse: Die Mehrzahl (knapp 70 Prozent) der Kunden schätzen Merkmale wie flexible Lieferzeiten, hohe Liefertreue, Co-Development-Partnerschaften und technische Produktattribute als wichtiger ein als den Preis. Die Conjoint-Analyse ermöglichte es, Zahlungsbereitschaften zu ermitteln für jedes einzelne dieser Merkmale, wie beispielsweise für eine Verkürzung der Vorbestellzeit von zwei Monaten auf zwei Wochen. Ein Vergleich zwischen Zahlungsbereitschaft und Kosten der Erbringung der entsprechenden Leistungen erlaubt es rasch, jene Merkmale zu identifizieren, für die Differenzierung profitabel ist. Als Ergebnis des Projekts wurden folgende Maßnahmen umgesetzt: eine neue Paketlösung für qualitäts- und zeitorientierte

Kunden (garantierte Lieferfenster, minimale Vorbestellzeiten, Servicepakete), ein verbessertes Basisprodukt, das sich anhand von wichtigen Einkaufskriterien deutlich von asiatischen Wettbewerbern abhob, und eine „no-frills"-Basislösung, die direkt gegen asiatische Produkte positioniert wurde. Die Preise wurden für die ersten beiden Produkte deutlich erhöht (+25 Prozent, +13 Prozent), für das „no-frills"-Produkt leicht gesenkt. Seitdem wachsen Ergebnis und Umsatz dieses Unternehmens nachhaltig überdurchschnittlich.

Den Wert der Produkte erhalten

In schwierigen Situationen ist ein natürlicher Trend vieler Unternehmen, die Preise zu reduzieren, in der Hoffnung, dadurch die Kapazitäten auszulasten. Diese taktische Maßnahme kann allerdings über einen längeren Zeitraum gesehen mehr Schaden als Nutzen bringen.

Bernard Arnault, CEO von LVMH, dem größten Luxusgüterhersteller der Welt, lässt keine Preisnachlässe gewähren und lehnt Ausverkaufsaktionen grundsätzlich ab. Die Kunden sollen Produkte kaufen, die ihren Wert behalten, und zwar in einer langfristigen Perspektive. Die Kunden, so seine Überzeugung und Erfahrung, sind umso eher bereit, in Produkte, und sei es auch nur eine Handtasche, zu investieren, je wertbeständiger diese Produkte sind.

Wert und Werte machen zunehmend den Unterschied zwischen erfolgreichen und erfolglosen Produkten aus.

Die falsche Frage, die sich viele Unternehmer stellen, lautet: „Wie können wir trotz intensivem Wettbewerb höhere Preise realisieren?" Die Frage muss vielmehr lauten: „Wie können wir durch Schaffung von zusätzlichem Kundenwert die Zahlungsbereitschaft des Kunden trotz Wettbewerb erhöhen?" Die Beantwortung dieser Frage setzt voraus, nach Wegen zu suchen, um das Leistungsangebot des Unternehmens zu differenzieren. Differenzierte Leistungen bedeuten Innovation und Innovation bedeutet Isolation vom Preiswettbewerb. Das wiederum ermöglicht es, unterschiedliche Zahlungsbereit-

Die falsche Frage

schaften unterschiedlicher Kundensegmente durch differenziertes Pricing im Interesse des Unternehmens zu nutzen und dadurch nachhaltig das Ergebnis zu steigern – auch in wirtschaftlich schwierigen Zeiten. Auf die Frage der Werte wird später eingegangen.

5 Auf die Umsetzung kommt es an

„Im Leben geht es nicht darum, gute Karten zu haben, sondern auch mit einem schlechten Blatt gut zu spielen."
Robert Louis Stevenson

Die Umsetzung ist der einzige Teil der Strategie, den die Kunden, die Konkurrenten, die Öffentlichkeit, jeder sieht, der außerhalb des Unternehmens steht. Niemand sieht die Strategie, jeder sieht die Handlungen. Gute, erfolgreiche Strategien, so Clausewitz, sind die glückliche Vorbereitung des taktischen Sieges und die Benutzung des erfochtenen Sieges.

In der Strategie gibt es immer ein „morgen", in der Taktik – in der Umsetzung – kann der Misserfolg entscheidend sein. Dem strategischen Erfolg sind immer Grenzen gesetzt, denn in der Strategie gibt es, um mit Clausewitz zu reden, keinen Sieg. Der Erfolg ist das Ergebnis taktischer Maßnahmen.

Die *Umsetzung* ist:

Disziplin
1. Disziplin,
2. die Verantwortung einer jeden Führungskraft,
3. ein Kernelement der Führungskultur eines Unternehmens.

Die Führungskultur ist wichtig
Die Führungskultur ist das Verhalten der obersten Führungskräfte. Diese bewirken in den Mitarbeitern das Verhalten, das sie selbst zeigen und tolerieren. Die Führungskultur eines Unternehmens ändert sich in dem Maß, wie sich das Verhalten der obersten Führungskräfte ändert.

Werte in schwierigen Zeiten besonders wichtig
Franz Fehrenbach, Vorsitzender der Geschäftsführung der Robert Bosch GmbH, betont gerade in schwierigen Zeiten die Vorteile einer auf Werten basierenden Führungskultur: „Denn

in schwierigen Zeiten entfalten sie eine noch größere Kraft als in normalen Zeiten … Es braucht Zeit, damit Werte entstehen und mit großer Glaubwürdigkeit gelebt werden können."[4]

In schwierigen Zeiten sind an Nachhaltigkeit ausgerichtete Werte, die von oben nach unten gelebt und vorgelebt werden, die Basis für anhaltenden Erfolg. Sie sind ein Kompass in der Krise, denn sie lenken und steuern das Verhalten der Mitarbeiter. Wenn sich die Mitarbeiter nicht an das halten können, so Helmut Maucher, was ihr Vorgesetzter zwei Tage vorher gesagt hat, sind die Motivation und das Vertrauen in die Führung weg. Ähnlich drückt sich N. R. Narayana Murthy, der Gründer von Infosys, aus: „Wir wollen nicht das beste, größte oder profitabelste Unternehmen sein, sondern den Respekt aller unserer Stakeholder verdienen." Glaubwürdigkeit

Werte sind nicht „richtig" oder „falsch", sie passen vielmehr unterschiedlich gut (oder schlecht) zur Persönlichkeit des Unternehmers, zu den Fähigkeiten des Führungsteams und zur Strategie des Unternehmens. Entscheidend ist die Glaubwürdigkeit, mit der sie gelebt und vorgelebt werden. Authentisch ist derjenige, dessen Sein mit seinen Worten und Taten übereinstimmt. Authentizität allein baut Vertrauen auf. Gerade in schwierigen Zeiten achten die Mitarbeiter sehr genau auf das, was die Führungskräfte tun. Ein Wert von Nestlé lautet: Bescheidenheit, aber mit Stil. Den Respekt der strategischen Stakeholder verdienen

Der ultimative Test für Führungswerte:

Sind wir bereit, auf kurzfristigen Gewinn zu verzichten, wenn wir dadurch unsere Werte leben?

Eine wirksame Mitarbeiterbefragung erzeugt Handlungsbedarf, wie in Fragebogen 7 dargestellt.

1. *Zum Kernauftrag*

Mir ist klar, warum ein Richtungswechsel
die Wettbewerbsposition meines Unternehmens begünstigt.

| 1 | 2 | 3 | 4 | 5 |

Mir ist klar, welche Rolle der Service
beim Erfolg unseres Unternehmens
spielt.

| 1 | 2 | 3 | 4 | 5 |

Ich weiß, was ich tun muss, um zur
Erfüllung des Kernauftrages meinen
konkreten Beitrag zu leisten.

| 1 | 2 | 3 | 4 | 5 |

2. *Zu den gelebten und
vorgelebten Werten*

Was ich über unser Unternehmen
in der Zeitung und im Geschäfts-
bericht lese und was ich von Dritten
höre, stimmt mit dem überein, was
ich jeden Tag bei der Arbeit erlebe.

| 1 | 2 | 3 | 4 | 5 |

Die Führungskräfte leben die Werte
des Unternehmens.

| 1 | 2 | 3 | 4 | 5 |

Jemand wird nur befördert, wenn die
Leistung stimmt.

| 1 | 2 | 3 | 4 | 5 |

3. *Vergleich zum Wettbewerb*

Unsere neuen Produkte/Dienst-
leistungen sind genau auf die
Wünsche der Kunden zugeschnitten.

| 1 | 2 | 3 | 4 | 5 |

In den nächsten zwei Jahren werden
wir aufgrund unserer neuen
Technologie Marktführer bleiben.

| 1 | 2 | 3 | 4 | 5 |

Wir investieren in neue Produkte
und Verfahren.

| 1 | 2 | 3 | 4 | 5 |

4. *Qualität der Führung*

Die Führungsqualität meines
Unternehmens ist besser als die
der Konkurrenten.

| 1 | 2 | 3 | 4 | 5 |

In meinem Unternehmen kümmern sich die Führenden um ihre Mitarbeiter.	1　2　3　4　5
Das Unternehmen trennt sich von den Mitarbeitern, die: · die Leistung nicht bringen, · die Führungswerte nicht leben.	1　2　3　4　5

Fragebogen 7: Wirksame Mitarbeiterbefragung erzeugt Handlungsbedarf.

6 Kommunikation in schwierigen Situationen

> *„Wenn du die Spur nicht wechselst,*
> *hast du keine Chance zu überholen."*
> Konfuzius

Ich vertrete die Überzeugung, dass die Vorteile einer langfristig orientierten Human-Resources-Politik die Nachteile einer kurzfristigen Gewinnschmälerung durch Weiterbeschäftigung der Mitarbeiter überwiegen. Je schwieriger die Zeiten sind, desto häufiger sind Unternehmen allerdings gezwungen, Anpassungen vorzunehmen und sich von Mitarbeitern zu trennen. Der Abbau von Mitarbeitern sollte die letzte Maßnahme sein, nachdem alle anderen Einsparmaßnahmen ausgeschöpft sind.

HR-Politik langfristig ausrichten

In diesen Fällen müssen die Führungskräfte *Präsenz* zeigen, sei es über Internet oder bei Mitarbeiterversammlungen, und proaktiv kommunizieren. Fragebogen 8 enthält eine Selbstbeurteilungs Übung für oberste Führungskräfte. Je stärker die Führungskräfte den neun Punkten zustimmen und je klarer sie dies im gesamten Unternehmen kommunizieren, „dann kann", so Gerhard Kleisterlee, CEO von Philips, „eine Krise die eigenen Leute auch regelrecht anstacheln. Sie kann ihren Kampfgeist befeuern und die Menschen näher zusammenbringen."[5]

Die Vision des Unternehmens wird von den Führungskräften geteilt.	nein 51% Ja 100% Ja
	├─────┼─┼─┼─┼─┤
	51 60 70 80 90 100

Die Mitarbeiter wissen, was sie zur Erfüllung des Kernauftrages des Unternehmens beitragen müssen.	nein 51% Ja 100% Ja
	├─────┼─┼─┼─┼─┤
	51 60 70 80 90 100

Die Mitarbeiter wissen, was sie zur Weiterentwicklung der Kernkompetenz beitragen müssen.	nein 51% Ja 100% Ja
	├─────┼─┼─┼─┼─┤
	51 60 70 80 90 100

Die Strategien des Unternehmens sind robust.	nein 51% Ja 100% Ja
	├─────┼─┼─┼─┼─┤
	51 60 70 80 90 100

Die Strategien werden effizient umgesetzt.	nein 51% Ja 100% Ja
	├─────┼─┼─┼─┼─┤
	51 60 70 80 90 100

Die wirtschaftliche Situation des Unternehmens verkraftet eine Durststrecke, auch wenn die Wirtschaftsergebnisse bescheiden ausfallen.	nein 51% Ja 100% Ja
	├─────┼─┼─┼─┼─┤
	51 60 70 80 90 100

Die Produkte und Dienstleistungen des Unternehmens bieten auch in Zukunft den Kunden einen Mehrwert.	nein 51% Ja 100% Ja
	├─────┼─┼─┼─┼─┤
	51 60 70 80 90 100

Die „Pipeline" ist mit erfolgversprechenden Produkten und Dienstleistungen gefüllt.	nein 51% Ja 100% Ja
	├─────┼─┼─┼─┼─┤
	51 60 70 80 90 100

Die Führungskräfte handeln in Übereinstimmung mit den Führungswerten.	nein 51% Ja 100% Ja
	├─────┼─┼─┼─┼─┤
	51 60 70 80 90 100

Je höher der Grad der Zustimmung zu den neun Punkten, desto wirksamer ist die Kommunikation der obersten Führungskräfte.

Fragebogen 8: Selbstbeurteilungs-Übung zur Kommunikationsfähigkeit der obersten Führungskräfte.

Gute Führungskräfte sind gute Geschichtenerzähler. Eine gute Geschichte beinhaltet: Wer bin ich? Für was stehe ich? Wohin gehen wir? Was bedeutet das für meine Mitarbeiter? Eine gute Geschichte ist die Grundlage wirksamer Kommunikation und spricht Herz und Vernunft an. Eine gute Geschichte hilft den Mitarbeitern, die Unternehmenssituation und die Entscheidungen des Führungsteams zu verstehen.

Die Frage, die sich jeder Unternehmer stellen muss, lautet: „Wie kommuniziere ich die Identität und die Reputation meines Unternehmens so nach außen, dass klar wird, dass die Qualität meines Führungsteams und der Einsatz meiner Mitarbeiter die Schlüsselfaktoren für den nachhaltigen Erfolg sind?"

Beispiele für Best Practices sind die Geschäftsberichte von GE und Berkshire Hathaway. Im Unterschied zur Ära von Jack Welch widmet Jeffrey Immelt mehrere Seiten dem Führungsteam von GE. Ähnlich aufgebaut sind die immer lesenswerten Briefe von Warren Buffett an die Aktionäre von Berkshire Hathaway.

Best Practices

In schwierigen Zeiten ist Kommunikation eine nicht delegierbare Führungsaufgabe. Die Mitarbeiter wollen wissen:

1. Welche Auswirkungen wichtige Botschaften der Führungskräfte und Marktentwicklungen auf ihren Arbeitsplatz haben,
2. wie sie branchenspezifische Nachrichten betreffen,
3. wie die Gesamtentwicklung des Unternehmens ist.

Ordnet man diesen drei Themenbereichen Gewichte zu, würde nach empirischen Untersuchungen Punkt 1 mit 70 Prozent, Punkt 2 mit 20 Prozent und Punkt 3 mit 10 Prozent etwa gewichtet werden.

Die Mitarbeiter wollen mit anderen Worten wissen:

Was die Mitarbeiter wissen wollen

1. wie die Strategie ihrer Geschäftseinheiten ihren Arbeitsplatz betrifft,
2. welche Strategieänderungen geplant sind,
3. was sie in Zukunft voraussichtlich erwartet.

161

Die Führungskräfte müssen deshalb in der Lage sein, die folgenden Fragen zu beantworten:

- Welche konkreten Ziele verfolgt meine Geschäftseinheit?
- Was sind die Ziele meiner Abteilung?
- Was kann ich als Vorgesetzter ändern und was nicht?
- Was ist mein Beitrag zur Kundenzufriedenheit und zur nachhaltigen Wertsteigerung meiner Geschäftseinheit?
- Was erwarte ich als Ergebnis meiner Botschaft?
- Welche Rolle spiele ich im geplanten Veränderungsprozess?
- Wie kann ich meine Mitarbeiter einbinden?
- ...

In schwierigen Zeiten zeigt sich, welche kommunikative Arbeit bislang vom Unternehmen geleistet wurde. Je mehr das Unternehmen langfristig Vertrauen in den Medien und bei den Mitarbeitern aufbaut, desto eher werden die Medien bereit sein, die Position des Unternehmens mitzutragen.

Es wäre zu viel verlangt, dass Unternehmen bei unternehmerischen Veränderungsprozessen vorbehaltlos alles sagen. Das wissen die Vertreter der Medien und die Mitarbeiter. Was sie aber erwarten, ist, dass die Führungskräfte erreichbar sind, schnell und klar antworten und dass die Antworten ehrlich und zuverlässig sind.

Wichtige Meinungsbildner – Mitarbeitervertreter, Betriebsräte, Behörden, Gemeindevertreter, Pressestellen anderer Unternehmen, Institutionen, Verbände – müssen persönlich informiert werden.

Spitzenführungskräfte verwenden etwa 45 Prozent ihrer Zeit, um mit den Führungskräften und Mitarbeitern zu kommunizieren, durchschnittliche Führungskräfte dagegen nur etwa 30 Prozent (Abbildung 26).

Durchschnittliche Führungskräfte   Spitzenführungskräfte

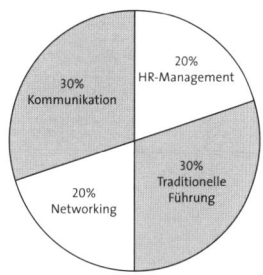 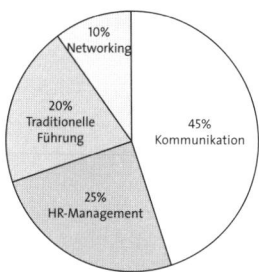

Abbildung 26: Wie durchschnittliche Führungskräfte und Spitzenführungskräfte ihre Zeit verwenden (in Anlehnung an Luthans et al, 1988, S. 108).

7 Die Veränderung meistern

„Keine falsche Rücksicht nehmen."
Zenon von Kition

Führen heißt, die Energien der Führungskräfte und Mitarbeiter zu mobilisieren und auf einen gemeinsamen Zweck auszurichten. Das gelingt, wenn Änderungen und Verbesserungen mit den Mitarbeitern ausführlich und rechtzeitig be-

Energien mobilisieren

Unternehmertum in großen Organisationen

„Unternehmerisches Denken in einer großen Organisation zu fördern ist immer eine Herausforderung. Wir müssen die richtige Balance finden zwischen der Notwendigkeit, die Fäden in einem globalen Konzern in der Hand zu behalten, und der Freiheit, die unsere Mitarbeiter brauchen, um ihr Potential voll zu entfalten und etwas bewegen zu können. Unternehmerisches Denken muss sich in einem großen Konzern innerhalb eines Rahmens und innerhalb gewisser Grenzen bewegen."

Gerhard Kleisterlee
CEO, Philips

Quelle: Focus (01) 2009, S. 57.

sprochen werden, wenn ihre Meinungen und Vorstellungen eingeholt werden, die, so Helmut Maucher, im Einzelnen oft besser sind als die Entscheidungen von weiter oben, weil sie die Praxis besser verstehen; man kommt dadurch zu Entscheidungen, die dann auch von den Mitarbeitern getragen werden.

Employee Involvement

In schwierigen Zeiten existieren bei Führungskräften oft Vorbehalte, wenn es um die Einbindung von Mitarbeitern in die Entscheidungsprozesse geht. Wenn das Haus brennt, so heißt es vielerorts, ist keine Zeit für partizipatives Management. Führen heißt jedoch, Energien freisetzen in den Mitarbeitern und in sich selbst. Je schwieriger die Zeiten sind, desto wichtiger ist, die Energien der Mitarbeiter zu nutzen und auf das nachhaltige Überleben des Unternehmens auszurichten. Das erfordert Mut und unternehmerisches Verhalten.

Mut

Fragen an die Führungskräfte und Mitarbeiter

(A) Welche drei Dinge sollten verändert werden?
1. ...
2. ...
3. ...

(B) Welche drei Dinge sollten nicht verändert werden?
1. ...
2. ...
3. ...

Je mehr (weniger) die Vorgesetzten von ihren Mitarbeitern erwarten, desto mehr (weniger) erhalten sie.

Abbildung 27 enthält ein Modell, das als Hilfe dienen kann, wie eine kontrollierte Beteiligung der Mitarbeiter in Veränderungsprozessen machbar ist.[6] Partizipatives Veränderungsmanagement beinhaltet sechs Schritte, die konsequent umgesetzt werden müssen.

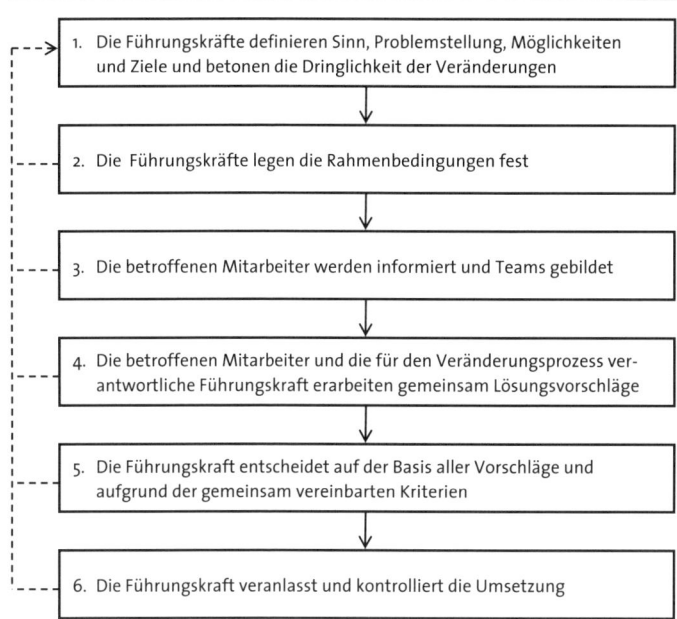

1. Die Führungskräfte definieren Sinn, Problemstellung, Möglichkeiten und Ziele und betonen die Dringlichkeit der Veränderungen

2. Die Führungskräfte legen die Rahmenbedingungen fest

3. Die betroffenen Mitarbeiter werden informiert und Teams gebildet

4. Die betroffenen Mitarbeiter und die für den Veränderungsprozess verantwortliche Führungskraft erarbeiten gemeinsam Lösungsvorschläge

5. Die Führungskraft entscheidet auf der Basis aller Vorschläge und aufgrund der gemeinsam vereinbarten Kriterien

6. Die Führungskraft veranlasst und kontrolliert die Umsetzung

Abbildung 27: Partizipatives Veränderungsmanagement (in Anlehnung an Neubauer/Rosemann, 2006).

Schritt 1: Problemdefinition und/oder Analyse der Möglichkeiten, die sich dem Unternehmen bieten. In diesem Schritt ist zu definieren, worauf sich die geplante Veränderung beziehen soll und welche Unternehmensteile davon betroffen sind. Die Initiative geht in der Regel von den Führungskräften aus.

Probleme definieren

Schritt 2: Die Führungskräfte legen die Rahmenbedingungen fest – Budget, Ressourcen, Zeit, Unterstützung durch andere Abteilungen und dergleichen mehr.

Rahmen-bedingungen bestimmen

Schritt 3: Die von der Veränderung betroffenen Mitarbeiter werden von der für den Veränderungsprozess verantwortlichen Führungskraft über die geplante Veränderung und die Rahmenbedingungen informiert. Ist die Zielgruppe zu groß, benennen die betroffenen Mitarbeiter aus ihrem Kreis die Kollegen, die ihre Interessen vertreten.

Mitarbeiter informieren

Schritt 4: Unter der Leitung der Führungskraft werden Vorschläge zur Umsetzung der geplanten Veränderung erarbeitet. Die Führungskraft äußert ihre eigenen Vorstellungen über mögliche Lösungen zunächst nicht, um nicht kreative Ideenfindungen zu behindern; sie muss bereit sein, eigene Lösungsvorstellungen zu ändern.

Schritt 5: Die erarbeiteten Lösungsvorschläge werden unter Berücksichtigung der Rahmenbedingungen anhand der gemeinsam erarbeiteten Kriterien bewertet. Die Entscheidung wird von der Führungskraft getroffen.

Schritt 6: Die Umsetzung wird an ein Team delegiert und von der Führungskraft kontrolliert.

Die nicht delegierbare Aufgabe ist, *wirksame Eingriffspunkte* zu bestimmen. Es geht nicht nur darum, zu bestimmen, was zu tun ist, sondern *wann* und *wo* strategisch wichtige Eingriffe erfolgen sollen. Der griechische Begriff „Kairos" bedeutet die Fähigkeit, die richtigen Maßnahmen zur richtigen Zeit zu ergreifen. Dazu sind sowohl Einsicht als auch Intuition im Sinne einer unbewussten, ganzheitlichen Informationsverarbeitung notwendig. Wissen, Affekte, Emotionen und Weisheit bestimmen gemeinsam wirksame Eingriffspunkte.

Die 90-10-Regel

Etwa 90 Prozent der von uns befragten obersten Führungskräfte sind der Ansicht, dass die von ihnen eingeleiteten Veränderungsprozesse die Ziele erreicht haben; diese Ansicht wird allerdings nur von etwa 10 Prozent der mittleren Führungskräfte geteilt.

Diese Wahrnehmungsunterschiede können zurückgeführt werden auf:

1. Selbsttäuschung oder Wunschdenken der obersten Führungskräfte,

2. die Tatsache, dass die Entscheidungen und durchgeführten Maßnahmen noch nicht die gewünschten Wirkungen gezeigt haben, oder

3. eine schlechte Kommunikation.

Werden die ersten beiden Ursachen ausgeschlossen, zeigt sich, wie wichtig in schwierigen Zeiten eine wirksame und glaubhafte Kommunikation ist. Je größer die Organisation ist, desto klarer und einfacher muss die Botschaft sein und desto mehr muss sie auf Abteilungsebene dem Verständnis aller Mitarbeiter glaubhaft nahegebracht werden.

In vielen Fällen heißt „Change Management" allerdings „Change the Management".

Neue Pionierphasen müssen eingeleitet werden, bevor der strategische Wendepunkt einer Entwicklung eintritt (Abbildung 28).

Rechtzeitig neue Pionierphasen einleiten

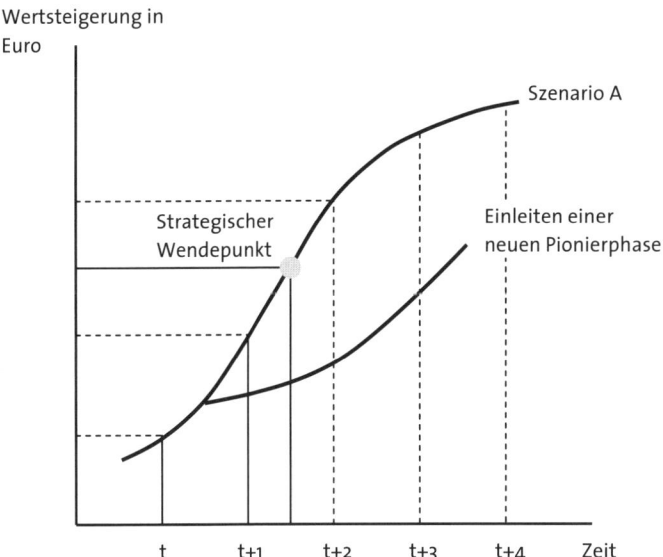

Abbildung 28: Die Leadership-Aufgabe: Eine neue Pionierphase einleiten, bevor der strategische Wendepunkt erreicht ist.

167

8 Vernunft und Herz der Mitarbeiter gewinnen

„Wenn Sie ernstlich wollen, so gebieten sie über die Herzen
vieler, und damit ist viel zu erreichen, ohne sie nichts!
Nur mit einer Meinung von sich räumt man zuletzt nicht
einen Stein aus dem Weg. Im Verein mit den
Kameraden und im Aufblick zu Gott – Felsen!"
Helmuth von Moltke

Führung ist Führen ist ein Ausdruck der Wertschätzung, der Achtung vor
Wertschätzung denjenigen, durch deren Engagement eine Organisation ihren
Kernauftrag erfüllt und ihr Überleben nachhaltig sichert.
Echte Führung heißt, wie Moltke schön zum Ausdruck bringt,
über die Herzen der Mitarbeitenden gebieten zu wollen. Führen heißt, sich als Teil derer zu verstehen, die mitgehen, mitdenken und mithandeln sollen, um mit ihren Vorgesetzten
„Felsen zu räumen". Das setzt voraus, denen zu vertrauen, die
geführt werden, und dazu braucht man eben mehr als nur eine
„Meinung von sich". Man braucht eine Meinung von den anderen, um das Allerbeste aus seinen Mitarbeitern herauszuholen. Mitarbeiter wissen Anerkennung für gute Arbeit zu schätzen
und ziehen ihre Motivation aus der Höhe ihrer Verantwortung,
aus dem Grad ihrer Freiheit und aus der Atmosphäre, in der
sie arbeiten. Lob und Anerkennung sind häufig wirksamer als
monetäre Anreize.

Trumans Führungs- Harry Truman pflegte seine Mitarbeiter vor schwierigen Ent-
grundsätze scheidungen zu fragen: „Wie sehen Sie die Situation?" Er fügte
dann hinzu: „Geben Sie mir bitte keine Empfehlung, geben Sie
mir eine Beschreibung, wie sich das Problem aus Ihrer Perspektive darstellt. Es ist dann meine Verantwortung, die Entscheidung zu treffen. Ich werde so viele Ihrer Ansichten wie möglich
berücksichtigen. Es ist aber meine Aufgabe, die Entscheidung
zu treffen und ich werde Sie wissen lassen, welche sie ist."

Seneca Seneca, der über viele Jahre dem innersten Führungskreis des
Römischen Reiches angehörte, hatte ähnliche Führungsprinzi-
pien:

• Sind die Menschen, mit denen wir es zu tun haben, wert,
dass wir einen Teil unserer Zeit an sie wenden?

- Kommt, was wir an Zeit dadurch verlieren, ihnen wirklich auch zugute?
- Gib deine Zeit nur denen, für die sie ein Gewinn ist.
- Nimm etwas von deiner Zeit auch für dich in Anspruch.
- Verkehr nur mit Leuten, die dich besser machen können, und lass nur solche sich an dich anschließen, die du besser machen kannst.

Umgang mit unfähigen Vorgesetzten

Unfähige Vorgesetzte ...

- sind eine enorme Quelle von verborgenen Kosten und entgangenen Möglichkeiten,
- stellen Mitarbeiter auf ihrem oder einem niedrigeren Niveau ein,
- nutzen das Leistungspotential ihrer Mitarbeiter nicht,
- sind der Grund, warum A-Player das Unternehmen verlassen.

„Hast du einen Menschen ungeeignet für seinen Posten gefunden, so setze ihn eher mit vollem Gehalt zur Ruhe, als dass du ihn in seiner Stellung behältst, denn er wird nicht nur dir und sich selbst, sondern ungezählten anderen schaden."

Walther Rathenau

Führen heißt, einen Weg zu den Herzen der Mitarbeitenden finden. Authentische Führung verbindet Herz und Vernunft, Führungswerte und Ergebnisse (Abbildung 29). Wer weder mit Herz noch mit Vernunft führt, ist unfähig. Von ihm muss man sich trennen. Führen mit Herz allein, ohne Ergebnisse zu liefern, ist ebenso wirkungslos. Die Vorgesetzten werden sich fragen müssen, warum Mitarbeitende loyal zur Organisation sind und deren Führungswerte leben, die vereinbarten Ziele jedoch nicht erreichen; sie können die Rahmenbedingungen verändern und ein Umfeld schaffen, in dem die Mitarbeitenden ihr Bestes geben können. Dazu gehört auch der Mut, jene zu belohnen, die gute Ideen für die Organisation entwickeln und umsetzen. Wer jedoch trotz Aufeinander-Zugehen mit wohlwollender Absicht seitens des Vorgesetzten die vereinbarten Ziele nicht erreicht – von dem muss man sich trennen. Wer wiederum ohne Herz, nur mit Vernunft führt, ist für Führungsaufgaben ebenfalls nicht geeignet. In jeder Organisation lassen sich kurzfristig Ergebnisse erzielen oder vereinbarte Messgrößen übertreffen, die mittel- bis langfristigen Folgen eines diktatorischen Führungsverhaltens sind jedoch in der Regel gravierender als die kurzfristigen Vorteile.

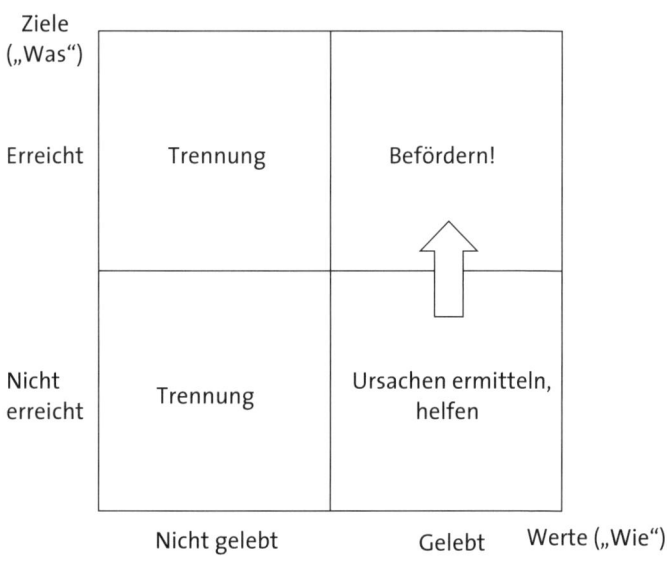

Abbildung 29: Führen mit Zielen und Werten (in Anlehnung an GE).

Vernunft und Emotionen müssen zusammenarbeiten

Die Aussage Marc Aurels, des Philosophen auf dem Kaiserthron, wonach die Vernunft die Emotionen leiten soll, ist in der Psychologie empirisch überprüft worden.[7] Das Ergebnis ist, dass die Vernunft wohl die Emotionen leitet, die Vernunft jedoch einem Elefantenführer vergleichbar ist, der den Elefanten, das sind die Emotionen, führt. Unter Normalbedingungen ist der Elefantenführer – die Vernunft – sehr wohl in der Lage, den Elefanten zu führen. In Krisensituationen muss er jedoch warten, bis sich der Elefant beruhigt hat und er ihn wieder in die richtige Richtung lenken kann. Im Ergebnis heißt das: Vernunft und Emotionen müssen zusammenarbeiten, wenn wir uns intelligent verhalten wollen.[8]

Der Elefantenführer sieht weiter in die Zukunft als der Elefant, er kann auch mit anderen Elefantenführern Informationen austauschen, er kann sich mehr Wissen beschaffen, was er aber nicht kann, ist, den Elefanten gegen seinen Willen zu lenken. Beide, so Haidt, haben ihre Intelligenz; je besser Vernunft auf der einen Seite, Emotion und Intuition auf der anderen Seite zusammenarbeiten, desto besser sind die Voraussetzungen für eine erfolgreiche Führung. Wenn die Vernunft 100 Gründe für etwas vorbringt, das Herz aber nicht ein 100-prozentiges Ja sagt, dann sollten wir es nicht tun.

Vernunft = Elefantenführer
Emotion = Elefant

Larry Bossidy, der frühere CEO von Allied Signal und Honeywell International, beurteilt Führende mit folgender Frage: „Sind die Menschen besser oder schlechter daran, weil Sie sie geführt haben? Wenn Sie sich einmal zurückziehen, werden Sie sich sicher nicht daran erinnern, was Sie im ersten oder dritten Quartal des Jahres X getan haben. An was Sie sich erinnern werden, ist, wie viele Menschen Sie gefördert und entwickelt haben, wie vielen Menschen Sie geholfen haben, eine bessere Karriere zu haben, weil Sie sich für sie interessiert und sich um ihre Entwicklung gekümmert haben. Wenn Sie nicht sicher sind, wie Sie sich als Führender bewähren, versuchen Sie zu verstehen, wie es den Leuten geht, die Sie führen. Sie werden die Antwort wissen."[9]

Böse Führungskräfte sind schlechte Führungskräfte, die keine gute Arbeit leisten. Herzlose, egoistische und rücksichtslose Führungskräfte können wohl kurzfristig Ergebnisse bringen; mittel- bis langfristig ist diese Art der Führung genauso wie unethische und inkompetente Führung zum Scheitern verurteilt.[10]

Hunter[11] schlägt folgende Fragen für die Beurteilung der Führungskräfte vor:

- Werden die Mitarbeiter unter dem Einfluss der Führenden wachsen und sich selbst weiterentwickeln?
- Werden sie dadurch bessere Menschen, indem sie mit dem Führenden zusammenarbeiten?

- Werden sie vom Führenden angeregt, die richtigen Dinge zu tun und ihren Charakter zu entwickeln?
- Werden sie bessere Menschen, als sie waren, wenn sie den Führenden verlassen?

Das GE Value Statement

GE leaders ... Always with unyielding integrity:

- have a passion for excellence and hate bureaucracy,
- are open to ideas from anywhere,
- live quality, and drive cost and speed for competitive advantage,
- have the self-confidence to involve everyone and behave in a boundaryless fashion,
- create a clear, simple, reality-based vision, and communicate it to all constituencies,
- have enormous energy and the ability to energize others,
- stretch, set aggressive goals, reward progress, yet understand accountability and commitment,
- see change as opportunity, not threat,
- have global brains, and build diverse and global teams.

Quelle: Fulmer/Goldsmith, 2002.

In Krisensituationen geht es darum, die Mitarbeitenden zu gewinnen und sie zu überzeugen, dass die Organisation vor dem Ruin steht. Dies gelingt nur, wenn sie merken, dass Führende authentisch sind, dass sie das, was sie sagen, auch tun, dass sie bei sich selbst zu sparen anfangen und zum Beispiel auf signifikante Teile ihrer Vergütung verzichten und in die Kantine zum Essen gehen. Führende müssen die Mitarbeitenden ehrlich mit Zahlen konfrontieren und ihnen die Chance geben, rechtzeitig nach neuen Möglichkeiten im Markt Ausschau zu halten. Dem Umstrukturierungsdruck von oben entspricht auf diese Weise eine natürliche Freiheitsbewegung von unten.

Die Qualität der Führung entscheidet sich in Momenten der Krise, in Ausnahmesituationen, durch Naturkatastrophen,

Kriege oder Bankencrashs. Es ist deshalb wichtig, in Krisensituationen den Mut jener zu belohnen, die gute Ideen für das Unternehmen entwickeln.

9 Zusammenfassung für den eiligen Leser

„Wir müssen die Art, wie wir denken, ändern."
Ellen Kullman, CEO, DuPont

Führen heißt, die Energien der Mitarbeiter freizusetzen und ein Umfeld zu schaffen, in dem jeder sich selbst motivieren und sein Bestes geben kann. Eine exzellente Strategie, taktische Maßnahmen mit rasch spürbaren Wirkungen und die richtigen Mitarbeiter sichern das Überleben in schwierigen Zeiten und bereiten das Unternehmen für den kommenden Aufschwung vor. „Risikomanagement in Katastrophensituationen", so Nicolas G. Hayek, „ist wirklich nicht jedermanns Sache, und schon gar nicht jedes Managers". Risikomanagement ist Aufgabe unternehmerisch denkender und handelnder Führungskräfte.

Die Kernbotschaften dieses Abschnitts sind:

- Wir können nicht andere Ergebnisse erwarten, wenn wir fortfahren, die gleichen Dinge zu tun wie bisher. Eine Selbstbeurteilungs-Übung kann hierzu hilfreich sein.

- Die Strategie bestimmt die Organisation und die Aktionspläne.

- Strategische Fehler führen in Krisenzeiten zum Untergang des Unternehmens. Die schlimmsten strategischen Fehler werden erörtert und Abhilfen aufgezeigt.

- Taktische Maßnahmen, die rasch spürbare Wirkungen bringen, sind: Produktivitätssteigerungen und Kostensenkungen, Cash-Management, Innovation, Wissensmanagement und vor allem strategisches Pricing.

- Auf die Umsetzung kommt es an. Präsent sein ist entscheidend.

- Die Kommunikation in Krisenzeiten ist Chefsache.

- Die Veränderung lässt sich mit einem partizipativen Veränderungsmanagement meistern. Ein praktikables Modell wird vorgestellt.

- In schwierigen Zeiten müssen Vernunft und Herz der Mitarbeiter gewonnen werden.

10 Und was sagt Nasreddin?

Nasreddin geht in einen Fleischerladen und verlangt ein Huhn. Der Fleischer geht in das Vorratszimmer, holt eines und sagt: „Das kostet ein Silberstück." „Ein bisschen klein", sagt Nasreddin, „ich brauche ein größeres".

Das Huhn ist das letzte, das der Fleischer in seinem Laden hat. Er nimmt das Huhn wieder mit, geht nach hinten, klopft, streckt und bearbeitet es und bringt es Nasreddin. „Das hier kostet ein Silberstück zwanzig."

„Gut", sagt Nasreddin, „ich nehme sie beide!"

Eine Moral von der Geschichte

Die anständige Art der Geschäftsführung, so Robert Bosch, Gründer der Robert Bosch GmbH, ist auf Dauer die einträglichste.

V Das Glück anziehen

*„I find that the harder I work the
more luck I seem to have."*
Thomas Jefferson

Wenn Napoleon Generäle auswählte, stellte er stets die Frage:
„Hat er Glück gehabt?" Goethe schreibt: „Wie sich Verdienst
und Glück verketten, das fällt dem Toren niemals ein."

Glück und Unglück sind nicht Zufall Glück und Unglück im unternehmerischen Sinne sind niemals Zufall, sondern die logische und gesetzesmäßig eintretende Folge richtigen oder falschen Verhaltens. Richtiges Verhalten ist das Ergebnis konstruktiven, positiven und eigenverantwortlichen Denkens, Fühlens und Tuns, falsches das Ergebnis destruktiven, negativen und unselbständigen Denkens, Fühlens und Tuns.

Napoleon hätte deshalb auch fragen können: „Denkt er positiv?" Er fragt jedoch nach der Wirkung und nicht nach der Ursache, da sich die Wirkung – Glück und Erfolg – leichter überprüfen lässt als die Ursache – richtiges Verhalten oder positives Denken und Handeln. Das Sein oder der Charakter eines Menschen zieht bekanntlich sein Schicksal an.

Wer einmal Glück gehabt oder Geschicklichkeit bewiesen hat, dem traut man es immer zu; wer einmal das Vertrauen täuschte, braucht lange, es wieder zu gewinnen. Zum unternehmerischen Erfolg gehört deshalb die Fähigkeit, das Glück anzuziehen.

Im Folgenden sollen deshalb die Erkenntnisse der modernen Glücksforschung kritisch reflektiert und auf ihre Brauchbarkeit geprüft werden. Die Hauptergebnisse sind: Glückliche Mitarbeiter sind gute Mitarbeiter; Glück lässt sich innerhalb bestimmter Grenzen anziehen. Für das Spannungsdreieck von individuellem Glück, Zufriedenheit am Arbeitsplatz und Innovation/Produktivität werden Lösungsvorschläge angeboten.

1 Erkenntnisse der modernen Glücksforschung

> *„Es braucht sehr wenig,*
> *um ein glückliches Leben zu führen."*
> Marc Aurel

Zufriedenheit mit dem eigenen Leben und mit dem Umfeld, in dem man tätig ist, ist eine der wichtigsten Voraussetzungen für schöpferisches und engagiertes Handeln. Glück (oder Zufriedenheit, ganzheitliches Wohlbefinden) lässt sich schwer definieren. Es muss zunächst einmal das Zufallsglück oder das aktuelle Lebensgefühl unterschieden werden von Glück als einem emotionalen Zustand, der auf Dauer begründet ist (Abbildung 30).

Zufallsglück und Glück als emotionaler Zustand

	Zufallsglück	*Glück als emotionaler Zustand*
Deutsch	Glück	Glück
Lateinisch	Fortuna	Beatitudo, Felicitas
Griechisch	Tyche	Eftychia
Sanskrit	Baghya	Kushala, Sukha
Französisch	Fortune	Bonheur
Italienisch	Fortuna	Felicità
Spanisch	Fortuna	Felicidad
Englisch	Luck	Happiness
Urdu	Qismat	Kushi

Abbildung 30: Glücksbegriffe in unterschiedlichen Sprachen.

In der deutschen Sprache wird für beide Arten von Glück der gleiche Begriff verwendet. Die anderen Sprachen unterscheiden zwischen dem Zufallsglück und dem Glück als einem emotionalen Zustand, der von Dauer ist. Wir verwenden je nach Situation den einen oder anderen Glücksbegriff. Wir beginnen mit Glück als emotionalem Zustand.

Eine Definition von Glück

„Glück ist das Ausmaß, mit dem ein Individuum die Gesamtqualität seines Lebens als Ganzes positiv beurteilt."

Ruut Veenhofen

Glück bezieht sich immer auf eine Gesamtbeurteilung des
Lebens.[1] Diese Gesamtbeurteilung ist von Individuum zu Individuum verschieden. Glück ist letzten Endes Privatsache und
eine subjektive Beurteilung des eigenen Lebens.

Außen- versus
Innenorientierung Fragebogen 9 enthält eine Selbstbeurteilungs-Übung zum
Glück, in der die Weisheit der griechischen Philosophie mit
moderner Anschauung verbunden ist. Die Übung lässt Schlüs-
se zu, ob Glück mehr von der Außenorientierung oder der
Innenorientierung unseres Lebens abhängt. Rojas[2] weist nach,
dass Menschen, bei denen die Außenorientierung überwiegt,
Geld und Einkommen einen höheren Stellenwert zuweisen als
Menschen mit einer stärkeren Innenorientierung.

Theoretischer Hintergrund	Kurzformulierung	Sehr starke Zustimmung			Sehr starke Ablehnung
Stoa (Innenorientierung)	Glücklich ist der, der die Dinge so akzeptiert, wie sie sind. Glück ist das gute Fließen des Lebens.	1	2	3	4 5
Epikur (Außenorientierung)	Glück ist Lebensfreude und Freisein von Schmerz.	1	2	3	4 5
Horaz (Außenorientierung)	Carpe diem, im Hier und Jetzt leben, den Tag genießen.	1	2	3	4 5
Goethe (Außenorientierung)	Gedenke zu leben, die Gegenwart allein ist unser Glück.	1	2	3	4 5

178

Zufriedenheit (Außenorientierung)	Glücklich ist der, der mit dem zufrieden ist, was er ist und was er hat.	1 2 3 4 5
Hedonismus/ Utilitarismus (Außenorientierung)	Glücklich ist der, der sich freut über das, was er im Leben erreicht hat.	1 2 3 4 5
Tugend (Innenorientierung)	Glücklich ist der, der sich in seinen Beziehungen mit anderen und mit sich recht verhält.	1 2 3 4 5
Utopie (Innenorientierung)	Glück ist ein unerreichbares Ideal, dem wir uns nur annähern können.	1 2 3 4 5
Erfüllung (mehr Außenorientierung)	Glück ist die volle Ausübung unserer Fähigkeiten.	1 2 3 4 5
Seelenruhe (mehr Innenorientierung)	Glück besteht darin, ein ruhiges Leben zu führen und nur Dinge zu erstreben, die erreichbar erscheinen.	1 2 3 4 5

Fragebogen 9: Selbstbeurteilungs-Übung zum Glück (in Anlehnung an Rojas, 2007).

Einige andere Definitionen:

- „Glücklich ist, wer genießt und dabei Gutes aussät." (Saadi)
- „Glücklich ist, wer mit dem eigenen inneren Wert zufrieden ist." (Gurdjieff)
- Glücklich ist, wer so lebt, wie er sich vorstellt, dass er leben sollte.
- Glücklich ist der, der in Harmonie mit sich selbst und seiner Umwelt lebt.
- Glück beginnt dort, wo Leid aufhört.

Diese Zustände kann man heute entweder durch Befragungen messen oder durch die Messung von Hirnströmen bestimmen. Empirische Untersuchungen zeigen, dass sich in Deutschland

25 Prozent der Bevölkerung „sehr glücklich"

und in den USA etwa 25 Prozent der Befragten als sehr glücklich, 55 Prozent als ziemlich glücklich und etwa 20 Prozent als
nicht sehr glücklich bezeichnen. Die Urteile von Freunden und
Verwandten stimmen zumeist mit der Selbsteinschätzung der
Befragten überein.[2] Die Zahl der Menschen, die in Umfragen
von sich sagen, sie seien „sehr glücklich", hat sich in den vergangenen 50 Jahren nicht erhöht, obwohl sich das Pro-Kopf-
Einkommen in diesem Zeitraum etwa verdreifacht hat (Abbildungen 31 und Fragebogen 10).

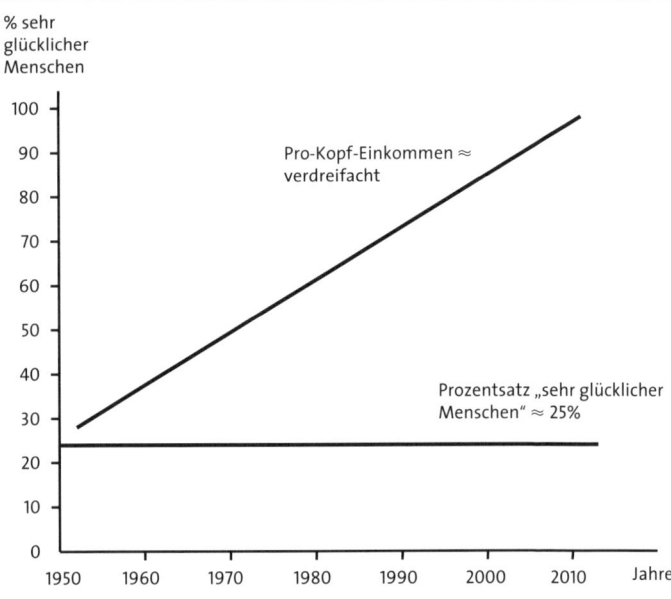

*Abbildung 31: Die Entwicklung von Glück und Einkommen im Zeitverlauf (Quelle:
Layard, 2005).*

	Trifft ganz zu						Trifft überhaupt nicht zu
1. Mein Leben kommt im Großen und Ganzen dem Ideal nahe.	7	6	5	4	3	2	1
2. Meine Lebensbedingungen sind hervorragend.	7	6	5	4	3	2	1
3. Ich bin mit meinem Leben völlig zufrieden.	7	6	5	4	3	2	1
4. Ich habe im Leben die wichtigen Dinge erreicht, die ich erreichen wollte.	7	6	5	4	3	2	1
5. Wenn ich mein Leben noch einmal leben würde, würde ich nichts ändern.	7	6	5	4	3	2	1

Summe =

Ergebnis
Sehr zufrieden: 30–35
Ziemlich zufrieden: 16–29
Nicht sehr zufrieden: 5–15

Die empirische Evidenz
In allen Ländern sind etwa:
25 Prozent: sehr zufrieden
55 Prozent: ziemlich zufrieden
20 Prozent: nicht sehr zufrieden

Die Verteilung ändert sich über lange Zeiträume nicht merklich.

Benchmarks
Männer ø 28
Frauen ø 26
Studenten ø 24
Chinesen ø 18
Gefangene ø 12
Patienten im Krankenhaus ø 12

Fragebogen 10: Selbstbeurteilungs-Übung zur Zufriedenheit mit dem Leben (in Anlehnung an Layard, 2005; Seligman, 2005).

2 Geld (allein) macht nicht glücklich

„Wenn Geld nicht glücklich macht,
was bringt dann das Elend?"
Italienisches Sprichwort

Glück steigt bis zu einem gewissen Punkt mit steigendem Einkommen

Der Zusammenhang zwischen Einkommen und Glück ist eines der meistdiskutierten Themen im Rahmen der Glücksforschung, die sich, nicht zuletzt durch die Beiträge von Daniel Kahneman, Nobelpreisträger für Wirtschaft, zu einer eigenständigen Disziplin im Rahmen der Nationalökonomie etabliert hat. Die moderne Wirtschaftswissenschaft versteht sich auch als Theorie menschlichen Wohlergehens. Die Beobachtungen und Befunde belegen, dass das Glücksempfinden zwar mit steigendem Einkommen ansteigt, ab einer von Individuum zu Individuum unterschiedlichen Grenze mehr Einkommen aber auch nicht automatisch glücklicher macht.[3] Für Arme bedeutet mehr Einkommen immer auch mehr Glück – was mit dem spanischen Sprichwort übereinstimmt: „Geld macht nicht glücklich, aber finanziert das Glück." Geld ist, wie der Volksmund schon lange weiß, nicht alles, aber besser als nichts. Besonders in armen Ländern bewirkt zusätzliches Einkommen weit mehr an Glück als in reichen. Weitere Ergebnisse der empirischen Glücksforschung sind[4]:

- Je reicher jemand ist, desto weniger trägt zusätzliches Einkommen zum Glück bei.
- Zunehmendes Einkommen führt nicht zu mehr Glück, weil es die materiellen Wünsche erhöht.
- Je gleichmäßiger das Einkommen verteilt ist, desto glücklicher sind im Schnitt die Menschen eines Landes.
- Arbeitslose Menschen sind besonders unglücklich.[5]
- Heirat und Kinder machen auf lange Sicht zufrieden.
- Der Status-Neid und der Status-Wettlauf verhindern Glück.
- Freiheit und Demokratie sind Rahmenbedingungen für das Glück.

182

Die Tatsache, dass arbeitslose Menschen besonders unglücklich sind, sollte für alle Unternehmer und Führungskräfte ein starker Impuls sein, alle Rationalisierungs- und Kostensenkungsmöglichkeiten auszuschöpfen, bevor Entlassungen vorgenommen werden.

Arbeitslose besonders unglücklich

Die Befunde zeigen zusammenfassend, dass Wohlstand eine notwendige Voraussetzung für Glück ist, zumindest bis zu einem gewissen Niveau. Die Armut, so Konfuzius, ist die Mutter aller Verbrechen. Wenn einmal die Grundbedürfnisse erfüllt sind, nimmt das Glück mit steigendem Einkommen nicht zu. Wichtiger als die Höhe des Einkommens ist unsere Einstellung gegenüber Geld und die Art und Weise, wie wir es ausgeben.[6] Immer mehr und härter zu arbeiten führt weder zu Erfolg noch zu Glück. Führungskräfte, die mehr als 60 Stunden pro Woche arbeiten, sollten sich fragen: „Warum will ich nicht nach Hause gehen?". „Bin ich schlecht organisiert?"

3 Glück ist das gute Fließen des Lebens

> *„Willst du dir ein hübsches Leben zimmern,*
> *musst dich ums Vergangene nicht bekümmern;*
> *Das Wenigste muss dich verdrießen;*
> *Musst stets die Gegenwart genießen,*
> *besonders keinen Menschen hassen*
> *und die Zukunft Gott überlassen."*
> Johann Wolfgang von Goethe

Csikszentmihalyi[7] hat den Begriff „Flow" eingeführt und wie folgt definiert: „Flow" entsteht dann, wenn wir unsere Fähigkeiten voll einsetzen, um eine Herausforderung zu bewältigen, der wir gerade noch gewachsen sind (Abbildung 32). Wir sind in einem „Flow"-Zustand, wenn:

„Flow" ist wichtig für das Glück

- uns eine Tätigkeit ausgesprochen Freude macht und wir dabei äußerst konzentriert und achtsam sind, uns gleichsam dabei selbst vergessen und in unserer Tätigkeit ganz aufgehen,
- wir etwas so konzentriert und vertieft tun, dass alle unsere Fähigkeiten aufs Äußerste gefordert sind,

- wir bis an die Grenze unserer Leistungsfähigkeit gehen, sogar sie zu überschreiten versuchen,
- wir im Einklang mit uns selbst sind,
- glückliches Tun um der Sache willen geschieht.

Flow ist am Arbeitsplatz häufiger als in der Freizeit.

Herausforderungen		Beispiel
	Angst/Stress:	**„Flow":**
hoch	• Unvorbereitet zu einer Prüfung antreten • Übernahme einer neuen Verantwortung • Arbeitsplatzwechsel • …	• Kreatives Problemlösen • Erschließen neuer Möglichkeiten • Anspruchsvolle Bergtour • Geselliges Beisammensein • Buch schreiben • Spielen mit Kindern • …
niedrig	**Gleichgültigkeit:** • Monotone Arbeit • …	**Langeweile/Entspannung:** • Hausarbeit • Korrektur von Prüfungsarbeiten • Unterforderung • …
	niedrig	hoch Fähigkeiten

Abbildung 32: Der Flow-Zustand.

Die Organisation im „Flow" Genau so wie ein Mensch kann auch ein Unternehmen in einem Flow-Zustand sein. Dies ist dann der Fall, wenn die Mitarbeiter den Herausforderungen gewachsen sind und wenn ihnen ihr Verantwortungsbereich genügend Freiraum bietet, ihre Fähigkeiten auszuspielen und ihr Potential zu nutzen. Dies lässt sich durch klare Regelungen in Bezug auf Verantwortung, Befugnisse, Aufgaben, Organisationsstruktur und Prozesse erreichen, vor allem aber dadurch, dass den Mitarbeitern Sinn geboten wird, sie in die Entscheidungen eingebunden werden und auch ihre Arbeit im Rahmen von vereinbarten Budgets weitgehend selbst organisieren können.

Glück ist ein innerer Zustand, der erfasst werden kann, wenn innerhalb einer von uns selbst bestimmten Zeitspanne die positiven Erfahrungen die negativen überwiegen (Abbildung 33). Die Idee der Glücksbilanz geht auf den griechischen Philosophen Epikur zurück: Erst im Nachhinein lässt sich feststellen, ob eine bestimmte Periode oder ein ganzes Leben insgesamt als glücklich oder unglücklich bezeichnet werden können. Die Glücksbilanz kann allerdings auch für einen zukünftigen Lebensabschnitt erstellt werden, wenn wir uns überlegen, was wir tun müssen, damit insgesamt die positiven Erfahrungen die negativen überwiegen. Glück kann also innerhalb bestimmter Grenzen geplant werden; dazu ist es notwendig:

Eine Glücksbilanz erstellen

- die Konsequenzen unserer Handlungen zu durchdenken,
- auf kurzfristige Freuden zu verzichten, wenn sie die langfristige Lebensfreude gefährden,
- Leid und Schmerzen zu akzeptieren, wenn wir dadurch in Zukunft größere Lebensfreude erlangen,
- sich für die Optionen im Leben zu entscheiden, die unsere Glücksbilanz nachhaltig verbessern.

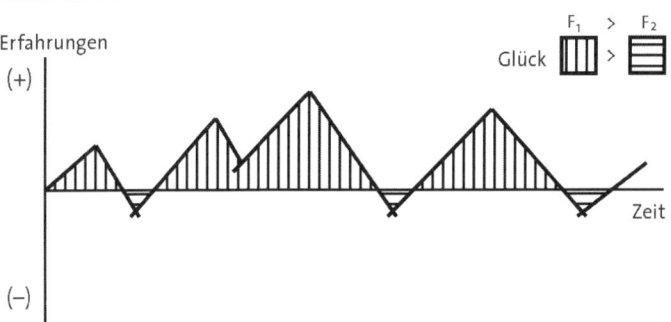

Abbildung 33: Die Glücksbilanz.

4 Glück ist kein Ziel

„Willst du dein Leben ändern, tue es sofort,
mit Begeisterung, keine Ausnahmen!"
William James

Alle Menschen, so die griechische Philosophie seit Aristoteles, streben nach Glück. Die Glücksforschung zeigt jedoch, dass, wer dem Glück hinterherjagt, es nie erreichen wird. Es ist wie beim Shareholdervalue; dieser ist nicht das Ziel, sondern das Ergebnis erfolgreicher unternehmerischer Tätigkeit: Wenn das Unternehmen mit seinen Produkten und Dienstleistungen den Kunden einen Mehrwert bietet und ihnen das Leben angenehmer macht, wenn es engagierte Mitarbeiter, eine innovationsorientierte Infrastruktur und Kultur hat, dann folgt die nachhaltige Steigerung des Unternehmenswertes dem erfolgreichen unternehmerischen Handeln. Die Wertsteigerung ist dann das Ergebnis oder die Resultierende aus Kundenbegeisterung und Mitarbeiterengagement. „Le client est le ‚ROI'" (Der Kunde ist König) lautet eine alte Weisheit. ROI steht hier jedoch für Return on Investment.

Wenn sich ein Unternehmen auf Wertsteigerung konzentriert, wird es ihm kaum gelingen, diese zu maximieren. Es ist wie mit dem Glücklichsein. Wenn man sich das zum Ziel setzt, erreicht man es bestimmt nicht.

Glück nur auf indirekte Weise erreichbar

Glück erlangt man auf indirekte Weise über die Erreichung unabhängiger Ziele, wie zum Beispiel:

- schöpferische Betätigung im Rahmen einer lohnenden Aufgabe,
- Bemühen um das Wohlergehen anderer,
- Dienst an der Gemeinschaft,
- Entwicklung von Menschen,
- Bewältigung von Herausforderungen,
- Freude auch an unscheinbaren Dingen,
- gute Gespräche im Freundeskreis,
- Perspektivenwechsel: Die Welt immer wieder mit neuen Augen sehen,
- …

Der Mensch ist kein ausschließlich egoistisches, berechnendes Wesen. Daniel Kahneman, einer der Begründer der verhaltensorientierten Ökonomie, bestätigt die Aussage von John Stuart Mill: „Nur jene sind glücklich, die ihren Sinn auf einen anderen Gegenstand als auf ihr eigenes Glück gerichtet haben: auf das Glück der anderen, auf den Fortschritt der Menschheit." Glücklich ist, wer in sich das Glück des anderen spürt.

Lebenskunst besteht darin, sich ein Portfolio aus kurzfristigen und langfristigen Interessen, Wünschen und Lebenszielen zusammenzustellen (Abbildungen 34 und 35).[8] Die Glücksforschung bestätigt die Aussage Epikurs: „Die Fähigkeit, Freundschaft zu erwerben, ist unter allem, was Weisheit zu einem glücklichen Leben beitragen kann, bei Weitem das Wichtigste."

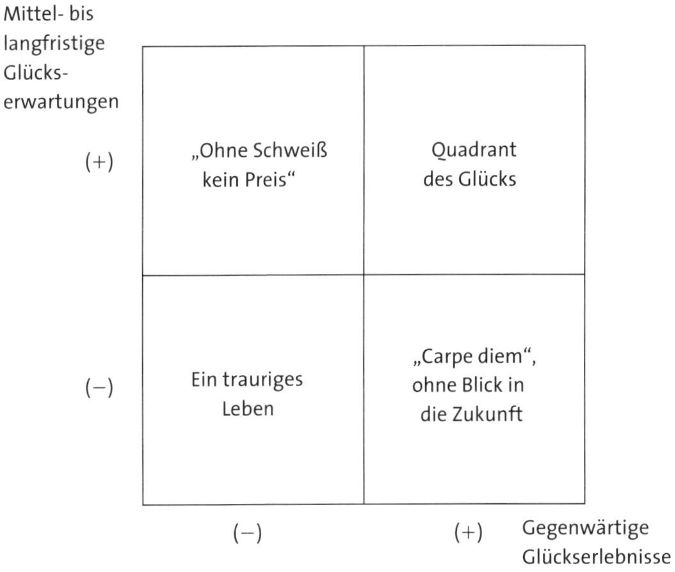

Glücksportfolio erstellen

Mittel- bis langfristige Glückserwartungen		
(+)	„Ohne Schweiß kein Preis"	Quadrant des Glücks
(−)	Ein trauriges Leben	„Carpe diem", ohne Blick in die Zukunft
	(−)	(+) Gegenwärtige Glückserlebnisse

Abbildung 34: Das Glücksportfolio (modifiziert nach Ben-Shahar, 2007).

187

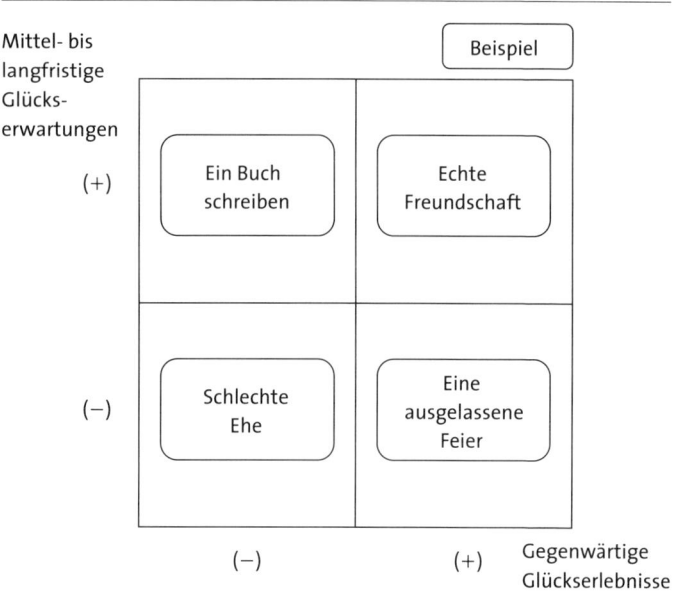

Mittel- bis
langfristige
Glücks-
erwartungen

Beispiel

(+)   Ein Buch   Echte
      schreiben   Freundschaft

(−)   Schlechte   Eine
      Ehe   ausgelassene
                      Feier

      (−)   (+)   Gegenwärtige
                       Glückserlebnisse

Abbildung 35: Das Glücksportfolio.

5 Jeder trägt selbst die Verantwortung für sein Glück

> *„Jeder ist seines Glückes Schmied."*
> Aristoteles

Zwölf empirisch
abgesicherte
Glücksregeln Sonja Lyubomirsky[9] weist nach, dass etwa 50 Prozent des Glücks genetisch und 10 Prozent durch äußere Umstände bestimmt sind; 40 Prozent des Glücks kann von uns selbst beeinflusst werden. Aus dieser Erkenntnis leitet sie zwölf empirisch abgesicherte Glücksregeln ab[10]:

1. Dankbarkeit zeigen.
2. Zuversicht und Optimismus ausstrahlen.
3. Sich nicht mit anderen vergleichen.
4. Höflich, entgegenkommend und wohlwollend sein.
5. Gesellschaftliche Beziehungen und Freundschaft pflegen.
6. Strategien entwickeln, wie man mit Stress, Leid, Schmerzen und schwierigen Situationen umgeht.
7. Zu verzeihen lernen.

8. „Flow"-Erfahrungen fördern.
9. Positive Erfahrungen im Leben zelebrieren.
10. Sich klare und erreichbare Ziele setzen.
11. Religion und Spiritualität pflegen.
12. Sich um den eigenen Körper kümmern und sich wie ein glücklicher Mensch verhalten.

Es bleibt festzuhalten: Glück hängt von unserer inneren Einstellung ab. Wir haben es in der Hand, etwa 40 Prozent unseres Glücks selbst zu gestalten. Für die etwa 60 Prozent, die nicht in unserer Macht sind, zeigt die empirische Glücksforschung, dass auch kranke Menschen und Menschen mit einem schweren Schicksal glücklich sein können. Patienten fühlen sich oft viel besser (oder auch viel schlechter), als ihrem objektiven Gesundheitszustand entspricht. „Es ist wichtiger, *wie* der Mensch sein Schicksal nimmt, als wie sein Schicksal ist" (Wilhelm von Humboldt). Die Ergebnisse von Untersuchungen zu Krankheit von Layard[11] passen gut zu diesen Befunden: Unsere Gesundheit ist uns sehr wichtig, sie ist aber nicht der einzige Glücksfaktor. Wir haben große Fähigkeiten, mit körperlichen Einschränkungen zu leben. Gesunde Menschen überschätzen oft das Leid, das Menschen mit Krankheiten oder Behinderungen empfinden. Woran wir uns aber nie gewöhnen, sind chronische Schmerzen und psychische Erkrankungen.

Glück hängt von innerer Einstellung ab

Wir sind letzten Endes das, wofür wir uns in uns entscheiden und wofür wir uns halten: Glauben wir, glücklich zu sein, sind wir es, glauben wir, unglücklich zu sein, sind wir unglücklich. Glück oder Unglück schreiben wir uns selbst zu, denn nicht die Dinge selbst, sondern unsere Vorstellungen über die Dinge machen uns glücklich oder unglücklich.

Die Ethik des Glücks

1. „Materieller Wohlstand allein gibt keinen Sinn („purposiveness").

2. Ab einer bestimmten Einkommensschwelle geht es darum, ‚gut, weise und angenehm' zu leben.

3. Dies gelingt nicht den Verschwendern, sondern denen, die auf vollkommene Weise die Lebenskunst pflegen.

4. Die Lebenskunst hat mehr mit den zukünftigen Folgen unserer Handlungen zu tun als mit ihrer Qualität oder mit ihren unmittelbaren Auswirkungen auf unsere Umwelt.

5. Glück ist mehr, als sich selbst Gutes zu tun. Glück heißt, den anderen Gutes tun, vor allem den Menschen, die wir nie kennen werden."

John Maynard Keynes

Empirische Untersuchungen[12] zeigen, dass:

* die Unternehmen, die in den USA zu den 100 beliebtesten Arbeitgebern zählen, sich an der Börse dauerhaft besser entwickeln als ihre Konkurrenten, die weiter hinten gereiht sind,
* schlechte Stimmung unter den Mitarbeitern immer ein Zeichen dafür ist, dass die Führenden ihre Aufgabe schlecht machen,
* die Unternehmen mit zufriedenen Mitarbeitern im Durchschnitt zweimal so schnell wachsen wie der Markt.

Ich habe noch nie einen Menschen kennengelernt, sagt Konfuzius, der, nachdem er seine Fehler gesehen hat, die Schuld bei sich selbst gesucht hätte; er bestätigt damit die Erkenntnis von Aristoteles, dass jeder seines Glückes Schmied ist.

6   Glückliche Mitarbeiter sind gute Mitarbeiter

„Meine größte Fähigkeit sehe ich darin,
Mitarbeiterinnen und Mitarbeiter,
Kundinnen und Kunden glücklich zu machen."
Nicolas G. Hayek

Empirische Untersuchungen zeigen, dass Unternehmen, die ihre Mitarbeiter gut behandeln, eine um 30 Prozent bis 40 Prozent höhere Produktivität haben und nachhaltig eine entsprechend höhere Wertsteigerung erzielen. *Best Practices* sind:

Best Practices

190

- Regelmäßige Mitarbeitergespräche,
- Incentive-Pläne,
- Aus- und Weiterbildung,
- Einbindung in die Entscheidungen,
- Anerkennung und Wertschätzung der Mitarbeiter,
- Karrieremöglichkeiten, die auf Verdienst und nicht auf Anciennität beruhen,
- eine langfristig orientierte HR-Politik,
- eine leistungsorientierte Führungskultur,
- das Verhalten der Führungskräfte in langfristig erfolgreichen Unternehmen.

Unternehmen, die sich an diese Best Practices halten, verwandeln eine faire Behandlung der Mitarbeiter in einen nachhaltigen Wettbewerbsvorteil. Wie die Unternehmen mit ihren Mitarbeitern umgehen, so gehen sie auch mit ihren Kunden um. Das Interesse des Unternehmens um Glück und ganzheitliches Wohlbefinden der Mitarbeiter am Arbeitsplatz und um die Zufriedenheit der Kunden verstärken sich gegenseitig. Im Ergebnis heißt das, dass glückliche Mitarbeiter gute Mitarbeiter sind.

Gute Unternehmer und Führungskräfte denken und handeln langfristig. Eine der nicht delegierbaren Führungsaufgaben ist, die Personalpolitik langfristig auszurichten und sich um das ganzheitliche Wohlbefinden der Mitarbeiter zu kümmern.[13] Glückliche Menschen haben glückliche Freunde, was sich positiv auf die Teamleistung auswirkt.

Empirische Untersuchungen[14] zeigen, dass Mitarbeiter, die mit ihrer Arbeit glücklich sind:

Glückliche Mitarbeiter leisten mehr

- eine höhere Leistung erbringen,
- weniger häufig ihren Arbeitsplatz wechseln und dadurch dem Unternehmen hohe Kosten ersparen,
- weniger oft erkranken als unglückliche Menschen,
- experimentierfreudiger und kreativer sind,
- bereit sind, ihr Wissen zu teilen und ihre Ressourcen laufend zu erweitern sowie „outside the box" zu denken,
- proaktiv sind und weniger unter Stress leiden.

Frustrierte Mitarbeiter bringen keine Leistung. Führen heißt, den Mitarbeitern zeigen, dass sie mehr erreichen können, als sie sich vorstellen, dass sie erreichen können. Je besser Führende das machen, desto mehr tragen sie zur Zufriedenheit am Arbeitsplatz und zum Glück der Mitarbeiter bei.

Glückliche Menschen erinnern sich mehr an gute Ereignisse, als tatsächlich eingetreten sind, während sie die schlechten Ereignisse eher vergessen.[15] Menschen, die mit ihrem Leben zufrieden sind und mit Optimismus in die Zukunft blicken, sind auch in ihrer Arbeit erfolgreicher.

Glückliche Führungskräfte treffen bessere Entscheidungen Glückliche Führungskräfte treffen bessere Entscheidungen, und Mitarbeiter, die mit ihrem Arbeitsplatz zufrieden sind, leisten mehr. Die Beobachtungen und Befunde zeigen, dass Unternehmen, die sich um das Glück ihrer Mitarbeiter kümmern, innovativer sind als Unternehmen, die den Mitarbeitern keine Arbeitsbedingungen bieten, in denen sie Zeit für Experimente haben und in denen sie ihre Kreativität nicht ausspielen können; sie zeigen auch, dass glückliche Mitarbeiter weniger häufig ihren Arbeitsplatz wechseln, weil sie sich auf ihre Arbeit und die Zusammenarbeit mit ihren Kollegen freuen.

Die Zufriedenheit am Arbeitsplatz und die Führungsfähigkeit des Vorgesetzten können durch eine Reihe von Fragen gemessen werden, auf die hier nicht eingegangen werden kann.

Die Befunde bestätigen die Einsichten Epikurs, des „Glücksphilosophen", und auch John Stuart Mills, dass die Menschen nach Glück streben, das suchen, was das Glück fördert, und das meiden, was mit Unlust, Schmerz und Angst verbunden ist. Die Befunde lassen den Schluss zu, dass es ein Optimum im Glücksempfinden der Mitarbeiter gibt: Unglückliche Mitarbeiter leisten wenig, zu glückliche Mitarbeiter geben nicht ihr Bestes, weil sie saturiert sind (Abbildung 36).

Das Wissen um diesen Zusammenhang zwischen Glück und Exzellenz in allem, was wir tun, ist gerade in schwierigen Zeiten von großer Bedeutung für den unternehmerischen Erfolg. Die moderne Psychologie geht allerdings einen Schritt weiter, indem sie auf das Phänomen der *hedonischen*

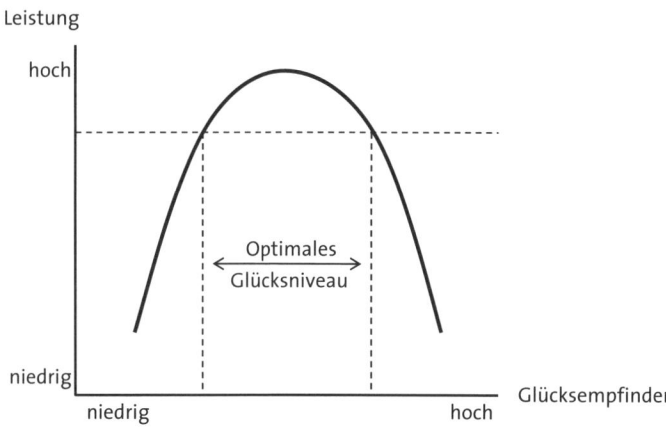

Abbildung 36: Leistung und Glückempfinden der Mitarbeiter.

Anpassung hinweist[17]: Wenn ein Mitarbeiter beispielsweise Die hedonische eine Gehaltserhöhung bekommt oder befördert wird, ist er Anpassung nur kurzfristig glücklicher als vorher. Sein Glücksempfinden steigt wohl kurzfristig an, fällt aber bald wieder auf das Niveau vor der Gehaltserhöhung oder Beförderung zurück. Die hedonische Anpassung scheint deshalb alle Bemühungen des Unternehmens, das ganzheitliche Wohlbefinden der Mitarbeiter zu erhöhen, *ad absurdum* zu führen. Die Menschen befinden sich in einer *hedonischen Tretmühle,* wenn jede Veränderung der Arbeitsbedingungen und im Wohlbefinden das langfristige Glücks- und Zufriedenheitsniveau nicht verändert, wenn sie sich sehr rasch an die Gehaltserhöhung, die besseren Arbeitsbedingungen oder an die Wertschätzung seitens der Vorgesetzten gewöhnen und diese als selbstverständlich betrachten.

Eine goldene Regel

Hilf deinen Mitarbeitern, innovativer und produktiver zu sein, sie werden auch zufriedener sein.

193

Führende können dem Abhilfe schaffen durch:[18]

Abhilfen gegen die
hedonische
Tretmühle

- Vereinbarung von herausfordernden Zielen,
- Empowering,
- Mentoring,
- Offenheit,
- Präsenz,
- Humor.

Es geht darum, im persönlichen Umgang positiv auf die persönliche Wahrnehmung der Mitarbeiter Einfluss zu nehmen und dabei zu berücksichtigen, dass Ausmaß und Geschwindigkeit der hedonischen Anpassung von Individuum zu Individuum verschieden sind. Zur strategischen Führungskompetenz gehört auch die Art, wie Anerkennung für gute Leistungen ausgedrückt wird. Ein kurzer, möglichst handgeschriebener Brief des Vorgesetzten an die Partnerin des Mitarbeiters oder an den Partner der Mitarbeiterin, in dem sie oder er von der Leistung oder Beförderung in Kenntnis gesetzt wird, kann die Anerkennung und Wertschätzung mit dem Faktor zehn multiplizieren.

Erfolge feiern Zu einer wirksamen Führung gehört auch, dass Erfolge wohl gefeiert werden, dass man sich von Erfolgen aber nicht mitreißen lässt. Erfolge verblassen schnell. Nach jedem Erfolg muss mit neuer Energie und mit einem Sinn für Dringlichkeit an der Gestaltung der Zukunft gearbeitet werden.

Dieses glückliche Zusammentreffen dessen, was menschlich wünschenswert und für die Entwicklung des Unternehmens vorteilhaft ist, kann die Führungsverantwortung attraktiver und weniger schwierig machen.

7 Das Spannungsdreieck von individuellem Glück, Zufriedenheit am Arbeitsplatz und Innovation/Produktivität

„Sei zu allem, als sei es dein Eigenes."
Georges I. Gurdjieff

Kreativität – nicht Technologie – ist als Erfolgsfaktor für die Wirtschaft, aber auch im Leben allgemein entscheidend. Die

Bedeutung der Kreativität für den unternehmerischen Erfolg nimmt in dem Maße zu, wie sich Unternehmen von tayloristischen Arbeitssystemen verabschieden.

In einer Welt, in der Innovation in Permanenz das Überleben des Unternehmens nachhaltig sichert, müssen Unternehmen, wie in Abschnitt IV, 7 dargestellt, Herz und Vernunft der Mitarbeiter gewinnen, um sie zu der Mehranstrengung zu bewegen, aus der innovative Ideen resultieren. Wenn es gelingt, Glück, das heißt, die Herzen zu gewinnen, mit Produktivität/Innovation zu verbinden, lassen sich die Qualitätssprünge erzielen, die die Wettbewerbsfähigkeit des Unternehmens sichern.

Innovation in Permanenz

Empirische Untersuchungen zeigen, dass eine wirksame Führung über vier Möglichkeiten verfügt, das Spannungsdreieck von Glück, Zufriedenheit am Arbeitsplatz und Innovation/Produktivität nachhaltig zu beeinflussen[19] (Abbildung 37):

1. Förderung der *intrinsischen Motivation* der Mitarbeiter, indem diesen die Möglichkeit gegeben wird, sich zu entwickeln, ihr kreatives Potential zu entfalten, zu lernen und dadurch ihre Beschäftigungsfähigkeit zu erhöhen, an Aufgaben zu arbeiten, die Sinn machen, und dergleichen mehr.

Intrinsische Motivation

2. Verbesserung der *Qualität der Beziehungen am Arbeitsplatz.* Die Zeit, die für zwischenmenschliche Beziehungen und für die Einrichtung von konstruktiven Netzwerken aufgewendet wird, und der Erfolg, der aus diesen entstehen kann, zählen zu den wichtigsten Faktoren für das individuelle Glück. Jedes Unternehmen kann nach der Qualität der Beziehungen zwischen den Führungskräften und Mitarbeitern beurteilt werden.

Qualität der Beziehungen am Arbeitsplatz

3. *Anreizsysteme,* die, wie die in Abschnitt III erwähnte 70-20-10-Klassifizierung der Mitarbeiter, auf Wettbewerb aufbauen, belohnen individuelle Karrierepfade, beeinträchtigen jedoch den Austausch von Informationen und senken dadurch die Produktivität des Teams. Individuelle Anreize führen dazu, dass Mitarbeiter das Vertrauen ihrer Kollegen missbrauchen; sie müssen in ein teamorientiertes Anreizsystem eingebunden sein.

Anreizsysteme

4. *Vertrauen* führt zu engeren und höherwertigen Beziehungen zwischen den Mitarbeitern. Wer nicht zu dem steht, was er verspricht, und auch nicht bereit ist, zusätzliche Leistungen zu erbringen in der Zuversicht, dass sie erwidert werden, ist nicht glaubwürdig. Glaubwürdigkeit und Vertrauen müssen von oben nach unten gelebt und vorgelebt werden.

Die intrinsische Motivation der Mitarbeiter, die Qualität der Beziehungen am Arbeitsplatz, teamorientierte Anreizsysteme und Vertrauen verstärken sich gegenseitig. Es sind dies die Ressourcen, mit denen das Spannungsfeld von Glück, Zufriedenheit am Arbeitsplatz und Innovation/Produktivität im Hinblick auf die nachhaltige Entwicklung des Unternehmens bewältigt werden kann; sie schaffen auch die verborgenen Ressourcen und unsichtbaren Produktionsfaktoren, die den Unterschied zwischen erfolgreichen und erfolglosen Unternehmen ausmachen.

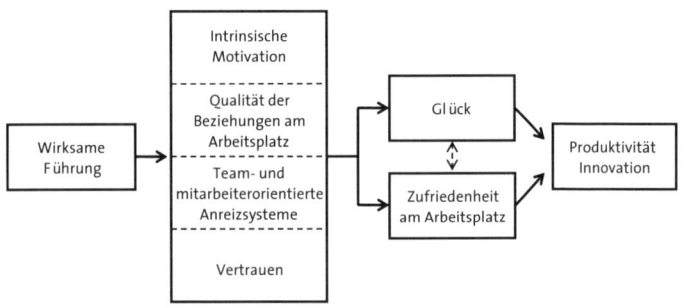

Abbildung 37: *Wirksame Führung im Spannungsdreieck von Glück, Zufriedenheit am Arbeitsplatz und Produktivität/Innovation.*

8 Was können wir tun, um das Glück anzuziehen

> *„Aber Glück hat auf die Dauer doch*
> *zumeist wohl nur der Tüchtige."*
> Helmuth von Moltke

„Es gibt Regeln für das Glück", sagt der spanische Humanist Baltasar Gracián, „denn für den Klugen ist nicht alles Zufall. Die Bemühung kann dem Glück nachhelfen. Einige begnügen sich damit, sich wohlgemut an das Tor der Glücksgöttin zu stellen und zu warten, dass sie öffne. Andere, schon besser, streben vorwärts und machen ihre kluge Kühnheit geltend, damit sie auf den Flügeln ihres Wertes und ihrer Tapferkeit die Göttin erreichen und ihre Gunst gewinnen mögen. Jedoch richtig philosophiert gibt es keinen anderen Weg als den der Tugend und Umsicht, indem jeder gerade so viel Glück und so viel Unglück hat, als Klugheit oder Unklugheit."[20]

Das Glück lässt sich, wie die Ratschläge eines Gracián oder Schopenhauer zeigen, innerhalb bestimmter Grenzen anziehen. Es gibt Tage, in denen nichts gutgeht, und Tage, an denen viel bewegt wird. Wenn man die Glückstage nutzt, können diese eine Eigendynamik gewinnen und weitere Glückstage anziehen. Das Glück kann beeinflusst werden durch unsere Haltung, ob wir warten können, bis sich etwas ergibt, ob wir uns in eine Situation begeben, in denen einen die Kräfte dieser Situation tragen, vorausgesetzt, dass große Anstrengungen vorausgegangen sind, ob wir den richtigen Augenblick erkennen und nutzen.

Glückstage nutzen

Glück zu haben ist jedoch eine ganz persönliche Eigenschaft. Für die Römer war Glück – Fortuna – eine Tugend. Man war für ihr Fehlen verantwortlich. Deshalb kann auch niemandem die Entscheidung über sein Risikoverhalten abgenommen werden. Es kann auch niemand Ratschläge erteilen – außer einige Regeln wie:

Regeln, um das Glück anzuziehen

Leonardo da Vinci:
- Das Glück hilft dem nicht, der sich nicht anstrengt.

Gerhard von Scharnhorst:
- Man muss dem Zufall seinen Spielraum lassen, weil man ihn nie ganz beherrschen kann, sondern, indem man ihn zu beschränken sucht, sein Gebiet vielmehr erweitert.

Louis Pasteur:
- Das Glück begünstigt den vorbereiteten Geist.

Baltasar Gracián:
- Mit dem umgehen, von dem man lernen kann, die Glücklichen und die Unglücklichen kennen, um sich zu jenen zu halten und diese zu fliehen,

- sich bestimmten Geschäften und Personen zu verweigern wissen, abzuschlagen verstehen,
- sein Glück leiten, indem man bald es abwartet – denn auch mit dem Warten ist zuweilen bei ihm etwas auszurichten –, bald es zur rechten Zeit benutzt,
- seine Taten in Sicherheit bringen, wenn ihrer genug sind,
- das Ende bedenken,
- für große Bissen des Glücks einen Magen haben,
- nicht mit seinem Glück prahlen,
- nicht abwarten, bis man eine untergehende Sonne sei,
- im Glück aufs Unglück bedacht sein,
- sich nicht mit dem einlassen, der nichts zu verlieren hat,
- seinen Glücksstern kennen,
- sich keine Narren auf den Hals laden.

Der Leser möge die Liste der Lebensregeln weiterführen. Er dürfte keine Schwierigkeiten haben, in seiner persönlichen Erfahrung weitere konkrete Lehren für das Leben zu geben.

Gesamtüberblick
wahren

Die Fähigkeit, im unternehmerischen Handeln das Glück anzuziehen, liegt letzten Endes im Gespür, zu erkennen, wohin der Markt geht und was die Kunden wirklich wollen, sowie in der Fähigkeit, sich vom Potential einer Situation tragen zu lassen und Prognosen und Szenarien zu erstellen, die dem tatsächlichen Lauf der Dinge nahekommen, und daraus Nutzen zu ziehen. Da der Wettbewerb aus vielen Zufälligkeiten und aus vielem Unerwarteten besteht, geht es darum, niemals den Gesamtüberblick zu verlieren und diese Zufälligkeiten und unvorhergesehenen Ereignisse im Sinne der Strategien zu nutzen.

Der Zufall, so Friedrich der Große, schadet dem nie, der voraussieht; er fügt allerdings hinzu, dass Vorausschau keine leichte Sache ist, sondern beschwerdevolle Arbeit.

„Es kann mich niemand ärgern,
wenn ich es nicht zulasse."
Epiktet

„Das Streben der Menschen, ihr Überleben zu sichern und nach Möglichkeit ihren Lebensstandard darüber hinaus zu erhöhen, kann ... als eine Art anthropologische Konstante quer durch die Jahrhunderte angenommen werden." Existenzsicherung und Existenzerweiterung sind die Grundlagen eines glücklichen Lebens.

Es gibt nichts, worin die Menschen so einig sind wie in der Suche nach dem Glück. Das Glück ist der Schlüssel aller unserer Gedanken, glücklich wollen alle Menschen sein.

Die wichtigsten Erkenntnisse sind:

- Glück ist das Ausmaß, mit dem ein Individuum die Gesamtqualität seines Lebens als Ganzes beurteilt. Mit Hilfe einer Selbstbeurteilungs-Übung kann jeder sein Glücksniveau bestimmen und mit den Erkenntnissen der modernen Glücksforschung vergleichen.

- Geld (allein) macht nicht glücklich. Wohlstand ist die notwendige Voraussetzung für Glück, zumindest bis zu einem gewissen Niveau.

- Arbeitslose Menschen sind besonders unglücklich.

- „Flow" führt zu Glück und ist am Arbeitsplatz häufiger als in der Freizeit.

- Mit Hilfe der „Glücksbilanz" kann man sein Leben „ex post" beurteilen und „ex ante" planen.

- Glück ist, wie der unternehmerische Erfolg, kein Ziel; beide lassen sich nur auf indirektem Weg erreichen.

- Jeder trägt selbst die Verantwortung für sein Glück.

• Glückliche Mitarbeiter sind gute Mitarbeiter.

• Das Unternehmen kann das Spannungsverhältnis zwischen individuellem Glück, Zufriedenheit am Arbeitsplatz und Innovation/Produktivität im Hinblick auf seine nachhaltige Entwicklung gestalten.

• Glück lässt sich innerhalb bestimmter Grenzen anziehen.

10 Und was sagt Nasreddin?

Nasreddin geht in ein türkisches Bad. Da er ärmlich gekleidet ist, behandeln ihn die Diener schlecht; sie geben ihm ein kleines Stück Seife und ein zerrissenes Handtuch.

Nachdem er fertig ist, gibt er jedem eine Goldmünze – ein fürstliches Trinkgeld. Sie wundern sich über die Großzügigkeit Nasreddins und fragen sich, ob sie durch eine bessere Behandlung nicht noch ein größeres Trinkgeld erhalten hätten.

Eine Woche später kommt Nasreddin wieder in das Hammam. Diesmal wird er von den Dienern wie ein König behandelt. Vor Verlassen des Bades gibt er jedem eine kleine Kupfermünze. Die Diener schauen ihn enttäuscht an, Nasreddin spricht jedoch voller Verständnis: „Diese Kupfermünzen sind für das letzte Mal, die Goldmünzen für heute.“

Eine Moral von der Geschichte

Viele Dinge hängen im Leben zusammen, auch wenn sie oft zeitlich weit entfernt sind. Aus dieser intertemporalen Interdependenz folgt, dass letzten Endes nachhaltiges Glück nur dann möglich ist, wenn wir, wie Nasreddin, unseren Sinn auch auf einen anderen Gegenstand als auf unser persönliches Wohlergehen richten. Der „Homo Oeconomicus“, so Horst Albach, „maximiert nicht seinen persönlichen Gewinn, sondern seinen persönlichen Nutzen. Dieser Nutzen hat zwei Bestandteile: den eigenen Gewinn und die Freude, anderen Menschen zu ihrem Glück zu verhelfen.“

VI Was bleibt zu tun?

1 Das Unternehmen kontinuierlich erneuern

> *„Ich wünsche mir, dass jede Mitarbeiterin*
> *und jeder Mitarbeiter jeden Montagmorgen mit*
> *Freude zur Arbeit kommt, mit dem Gefühl: ‚Das*
> *wird wieder eine tolle Woche werden'."*
> Nicolas G. Hayek

Erneuerung in
Permanenz
Die Erneuerungsfähigkeit eines Unternehmens kann an der Innovationsrate abgelesen werden, welche den Anteil der Produkte und Dienstleistungen am Gesamtumsatz oder an der Wertsteigerung misst, die nicht älter als fünf Jahre sind. Das auf Abbildung 38 beispielhaft dargestellte Unternehmen erzielt mehr als 50 Prozent seines Umsatzes mit Produkten und Dienstleistungen, die es in den vergangenen fünf Jahren in den Markt eingeführt hat. Es muss, wenn es sich laufend erneuern will, in den nächsten fünf Jahren über 60 Prozent seines Umsatzes mit Produkten und Dienstleistungen erwirtschaften, die sich erst in der F&E- oder Produktionsüberführungsphase befinden oder die durch Akquisition beziehungsweise Zukauf beschafft werden müssen. Die Innovationsrate ist von Branche zu Branche verschieden. Unternehmen müssen versuchen, zum Wohl ihrer Kunden besser zu sein als die durchschnittliche Innovationsrate ihrer Branche.[1]

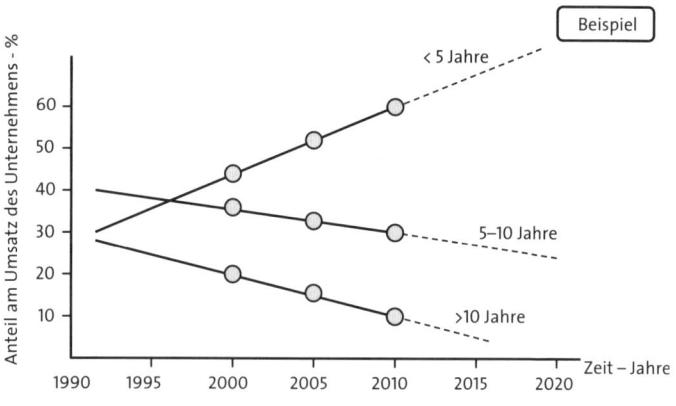

Abbildung 38: Der Beitrag der Produkte/Dienstleistungen zum Umsatz des Unternehmens in Abhängigkeit von ihrem Alter.

Will ein Unternehmen, wie im obigen Beispiel, in fünf Jahren mehr als 60 Prozent des Umsatzes oder der Wertsteigerung mit neuen Produkten und Dienstleistungen erzielen, muss sichergestellt werden, dass genügend kurz-, mittel- und langfristige Innovationsprojekte in Gang gesetzt werden, damit sich das Unternehmen im geplanten Entwicklungskorridor bewegen kann (Abbildung 39).

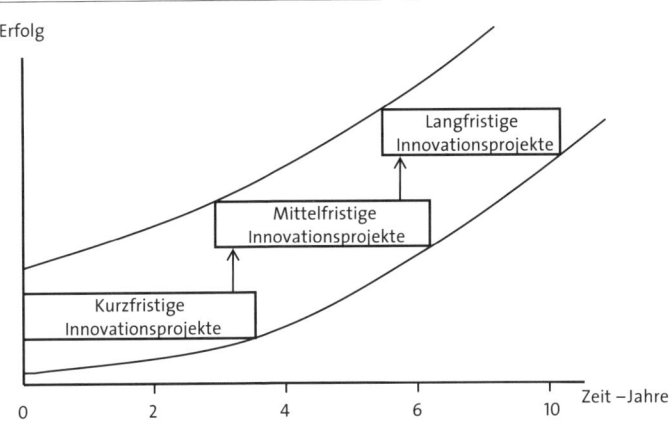

Abbildung 39: Eine Balance zwischen kurz-, mittel- und langfristigen Innovationsprojekten einrichten.

Wir lernen am meisten von Menschen, die uns unähnlich sind. In großen Unternehmen verbringen die Führungskräfte und Mitarbeiter jedoch die meiste Zeit mit „organization men", das heißt Menschen, die derselben Unternehmenskultur unterliegen und deshalb in ihren Einstellungen einander ähnlich sind.

Innovationen entstehen jedoch nur, wenn die grundlegenden Werte, Annahmen, Erwartungen, wie die Welt in den Augen der Führungskräfte und Mitarbeiter ist oder sein sollte, immer wieder in Frage gestellt werden. Dazu müssen nach unseren Erfahrungen bestimmte Regeln eingehalten werden.

Regeln für Führungskräfte

- Formuliere eine klare und verständliche Strategie und beziehe die Mitarbeiter in die Strategieformulierung ein. Eine gute Strategie lässt sich leicht verständlich und einprägsam in einem leitenden Gedanken zusammenfassen. Die Kunst liegt in der Vereinfachung.

- Sporne den Siegeswillen der Mitarbeiter an, indem du eine Richtung angibst, die Sinn macht. Wer Leistung fordert, muss Sinn bieten.

- Sei ein Vorbild. Wirksam und glaubwürdig kommunizieren kann nur, wer selbst ein Beispiel gibt. Zeige Engagement, sei präsent, beweise Mut, setzte Energien und Talente frei und fördere Innovationen.

- Schaffe Werte für alle strategischen Stakeholder, und zwar in der Reihenfolge Kunden, Mitarbeiter, Anteilseigner/ Financial Community, Gesellschaft.

- Versetze dich in die Wertschöpfungskette der Kunden.

- Mache das Leben leichter auch für die Kunden der Kunden.

- Schaffe ein Umfeld, in dem jeder Mitarbeiter sich selbst motivieren und sein Bestes geben kann.

- Wähle Mitarbeiter aus, die besser sind als du selbst, nutze ihre Talente und gib ihnen die Möglichkeit, sich zu entwickeln.

Regeln für Mitarbeiter

- Sei neugierig genug, um immer wieder neue Erfahrungen sammeln zu wollen.

- Lerne, aus den unterschiedlichsten Perspektiven zu blicken, experimentiere in deinem Aufgabenbereich.

- Entwickle ein Gespür für die Marktentwicklung und ein Bewusstsein für die Zusammenhänge im Unternehmen.

- Erkenne auch die an, deren persönliches Engagement sich eher im Verborgenen vollzieht.

- Berate dich mit anderen, bringe alle möglichen Gesichtspunkte ins Spiel, prüfe sie auf ihre Plausibilität und gewinne Akzeptanz bei den Betroffenen. Nimm die Sichtweise anderer ebenso ernst wie die eigene.

- Halte Optionen auch nach getroffener Entscheidung offen.

- Berücksichtige die Eigeninteressen anderer in der gleichen Weise, wie du dein eigenes Interesse geltend machst.

- Sei offen für Unvorhersehbares, rechne mit dem Zufall, lass den Dingen Zeit, bis der richtige Zeitpunkt gekommen ist.[2]

Die Regeln können im Rahmen von Programmen oder Kampagnen etabliert werden, aber es ist wichtig, dass es sich nicht nur um kurzfristigen Aktionismus handelt, sondern um eine über Jahre durchgehaltene Überzeugungsarbeit. Erfolgreiche Unternehmen wie die Swatch Group fördern eine Kultur, die es den Führungskräften und Mitarbeitern erlaubt, die Fantasie und die Neugierde eines Sechsjährigen zu bewahren und zum Ausdruck zu bringen.

2 Sich mit Führungskräften und Mitarbeitern umgeben, die besser und klüger sind als wir selbst

„Die Unternehmenskultur ist alles."
Jeffrey R. Immelt
Chairman und CEO, GE

Die Auswahl und Entwicklung der richtigen Führungskräfte und Mitarbeiter ist eine nicht delegierbare Aufgabe des Unternehmers und seines Führungsteams. Führende sind nur so gut wie die Mitarbeiter, die sie einstellen. Erfolgreiche Unterneh-

Exzellenz als Selbstzweck

mer sagen: „Stelle die richtigen Mitarbeiter ein und lass sie ihre Arbeit tun." Die folgenden Kriterien spielen dabei eine entscheidende Rolle:

- das Verhalten und die Leistungen einer Führungskraft in der Vergangenheit,
- ihre Werte,
- ihre Motivation.

Der beste Prädiktor für das Verhalten eines Menschen in der Zukunft ist, wie erwähnt, sein Verhalten in der Vergangenheit. Die folgenden Fragen können als Indikatoren hilfreich sein:

- „Was haben Sie in früheren Verantwortungsbereichen getan, das Ihre Kreativität und Umsetzungsfähigkeit beweist?"
- „Was war das wichtigste Ziel, das Sie in Ihrem letzten Aufgabenbereich zu erreichen suchten? Wie haben sie es erreicht und, wenn nicht, warum haben Sie es nicht erreicht?"

Die Erfahrung allein ist kein guter Prädiktor für zukünftiges Führungsverhalten. Entscheidend sind deren Qualität und Relevanz für zukünftige Führungsaufgaben.

Goldene Regeln Daraus leiten sich die folgenden zehn „goldenen Regeln" für den Erfolg eines Unternehmens ab:

1. Stelle Mitarbeiter ein, die in ihren Bereichen besser und klüger sind als Du selbst, nutze ihre Talente und gib ihnen die Möglichkeit, sich zu entwickeln und zu wachsen.

2. In Summe sei klüger und besser als sie.

3. Beurteile Deine Führungskräfte danach, a) welche Mitarbeiter sie eingestellt haben, b) wie viele ihrer Mitarbeiter sie selbst zu Führenden entwickelt haben, c) in welchem Ausmaß sie Verantwortung übernehmen.

4. Beurteile Deine Führungskräfte danach, ob sie die vereinbarten Ziele erreicht und wie sie sie erreicht haben.

5. Trenne Dich rechtzeitig von den Führungskräften und Mitarbeitern, die die Werte der Organisation nicht leben.

6. Hilf den Mitarbeitern, die die Werte der Organisation leben, die vereinbarten Ziele aber nicht erreichen, ihr höchstes Leistungspotential zu erreichen und vielleicht etwas höher zu streben, als sie selbst es für möglich halten.

7. Anerkenne und belohne die Führungskräfte und Mitarbeiter, die die Werte der Organisation leben und vorleben und die vereinbarten Ziele erreichen oder übertreffen.

8. Anerkenne und belohne auch die Führungskräfte und Mitarbeiter, die sich nach einer Niederlage wieder aufgerichtet, an sich selbst gearbeitet und mit neuer Energie ihr altes Leistungspotential wieder erreicht oder übertroffen haben.

9. Wo man einmal regiert hat, soll man sich danach nicht wieder sehen lassen.

10. Blutsverwandtschaft ist kein Ersatz für Kompetenz.

Das Einhalten dieser Regeln ist eine Frage der Führungskultur des Unternehmens. Die Führungskultur ist das Produkt der Werte, die von den obersten Führungskräften vorgelebt werden.

Unternehmen, die weltweit tätig sind, brauchen eine universale Führungskultur, in der die Führungskräfte, wo immer sie aufgewachsen oder tätig sind, ähnliche Einstellungen und Verhaltensweisen haben. In Aus- und Weiterbildungsprogrammen muss deshalb versucht werden, die individuellen Werte der Führungskräfte in eine gemeinsame Gesamtheit von Werten wie Integrität, Kundenorientierung, harte Arbeit, Mut, Fairplay, Leistung, Toleranz, Neugier und dergleichen mehr zu integrieren, die dann eine universale Führungskultur ausmachen. Letzten Endes gelingt das nur, wenn die Führungskräfte und Mitarbeiter eingestellt werden, die die Werte einer universalen Führungskultur teilen.

Universale Führungskultur

Das Unternehmen als Bus

„Zuerst muss man die richtigen Leute in den Bus hinein- und die falschen hinausbefördern, dann jeden auf den passenden Platz setzen. Dann erst kann man sich kümmern, wohin der Bus fahren soll. Bevor sie entscheiden, dass jemand nicht in den Bus hineingehört, fragen sich erfolgreiche Manager: ‚Haben wir ein Bus- oder ein Sitzplatzproblem? Ist vielleicht nicht die Person falsch, sonder nur der Platz, den wir ihr zugewiesen haben?'

Welches also sind die Schlüsselsitze in Ihrem Bus oder Kleinbus? Sind Sie sicher, dass Sie 100 Prozent davon mit den richtigen Leuten besetzt haben – nicht 70 Prozent, nicht 80 Prozent und auch nicht 90 Prozent? Wenn nicht, dann hat das allerhöchste Priorität."

Jim Collins

3 Strategische Führungskompetenz mit Weisheit verbinden

„Führende sind Vermittler von Lebenserfahrung, Lebensweisheit und anregender Diskussion."
Nicolas G. Hayek

Weisheit ist eine der Kardinaltugenden Nach einer Definition im Brockhaus ist Weisheit im Unterschied zur eher pragmatischen Klugheit und zu theoretischem Wissen eine ideale menschliche Grundhaltung. Weisheit beruht ganz allgemein auf:

- gesundem Menschenverstand und einer allgemeinen Lebenserfahrung,
- intelligentem Umgang mit Wissen,
- kritischer Urteilsfähigkeit[3],
- Vorsicht,
- Unterscheidungsfähigkeit und
- umfassendem Verstehen und Wissen um grundlegende Dinge des Lebens.

Weisheit zählt seit Platon neben Mut, Gerechtigkeit und Maß zu den vier Kardinaltugenden. Sie ist eine Eigenschaft, die alle von mir angesprochenen Unternehmer und Führungskräfte mit großer Reputation kennzeichnet.

Weisheit vermittelt, wie persönliche Erfahrungen und viele Untersuchungen zeigen, eine breite, ausgewogene Perspektive für die strategische Führungskompetenz, aus der heraus gute Entscheidungen getroffen werden. Welche Strategie verfolgt, welche taktischen Maßnahmen durchgeführt, welche Führungskräfte ausgewählt werden, wie mit Krisensituationen umgegangen und wie Spitzenpositionen besetzt werden sollen, wie die Balance zwischen gegensätzlichen Anforderungen aussehen soll, wann und wie zu handeln ist und welche Folgen daraus erwachsen, diese und ähnliche Entscheidungen erfordern Fingerspitzengefühl, kritisches Urteilsvermögen, Vorsicht, mit einem Wort: Weisheit.[4] Weisheit ist ein knappes Gut, für nachhaltigen Erfolg, der letzten Endes zählt, jedoch ausschlaggebend.

Weisheit gibt eine breite Perspektive

Wie man weise wird

Jemand fragte einmal Nasreddin: „Wie kann jemand weise werden?"

Nasreddin erwiderte: „Höre immer sehr aufmerksam auf das, was die weisen und gelehrten Frauen und Männer dir sagen. Und wenn du zu anderen sprichst, höre vorsichtig auf das, was du sagst!"

Für Weisheit gibt es keine Rezepte, die ohnehin sich jeder verbieten würde, der ein selbstbestimmtes Leben führt. Ein jeder verdankt die Weisheit sich selbst. Sie fällt uns nicht in den Schoß und wird uns auch nicht von anderen geschenkt.

Weisheit ist ein komplexes Konstrukt (Abbildung 40). Diesem Konstrukt liegen zwei Begriffsbestimmungen zugrunde, die auch für die Führung komplexer Organisationen hilfreich sind.

Weisheit ist ein komplexes Konstrukt

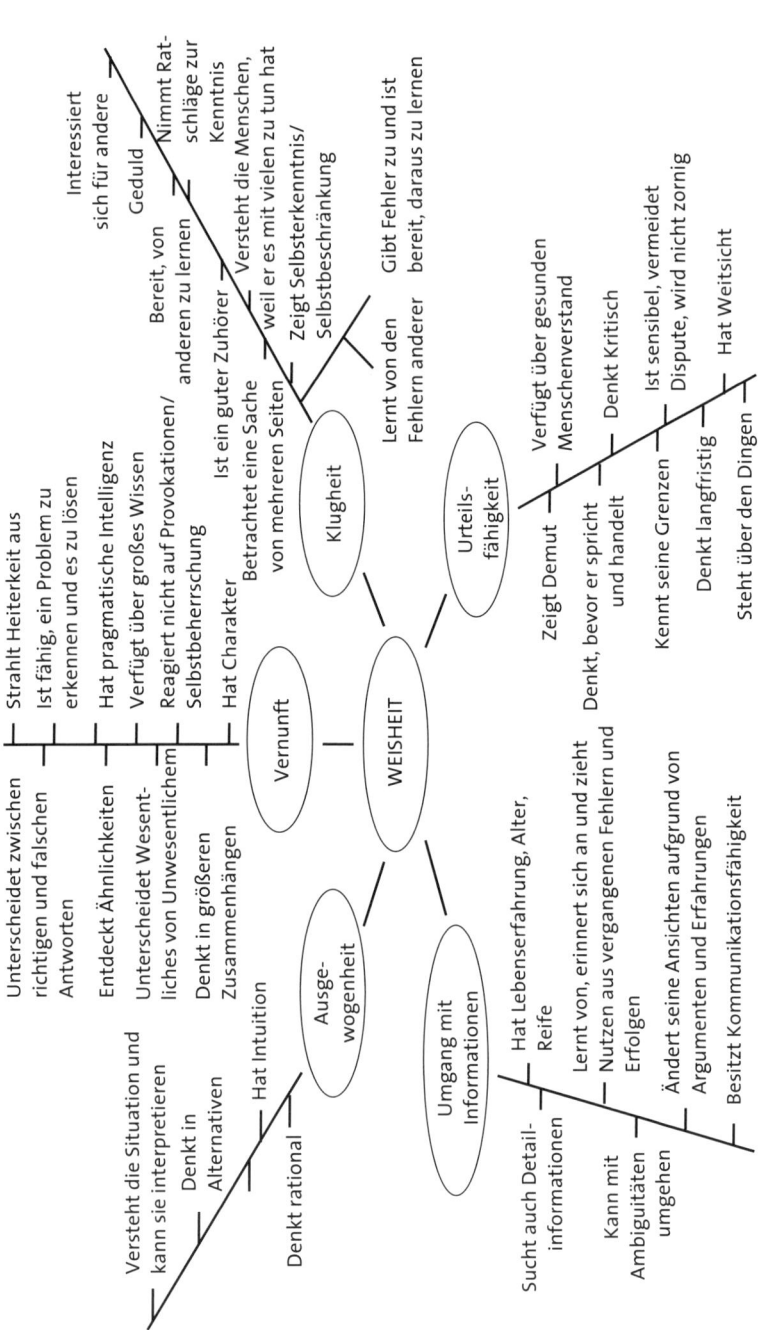

Abbildung 40: Merkmale für weises Verhalten (in Anlehnung an Sternberg, 2003).

Weisheit ist:

1. ein Expertenwissen in praktischen Fragen der konkreten Lebensführung,[5]
2. die Anwendung erfolgreicher Intelligenz und Kreativität, um im Leben zurechtzukommen und zum Wohl des größeren Ganzen beizutragen.[6]

Mit diesem Begriff von Weisheit lässt sich die im Fragebogen 11 dargestellte Selbstbeurteilungs-Übung für Führungskräfte in Spitzenpositionen entwickeln.

	Trifft zu	Trifft nicht zu
1. Habe ich die *Kreativität*, um neue Ideen und gute Strategien zu entwickeln und um schlecht kalkulierte Risiken abzuwenden?	1 2 3 4 5	
2. Verfüge ich über die *analytischen Fähigkeiten*, um gute Strategien von schlechten zu unterscheiden und die entsprechenden Risiken zu quantifizieren?	1 2 3 4 5	
3. Habe ich die *praktischen Fähigkeiten* und die Energie, um die Ideen und Strategien umzusetzen und die Betroffenen von deren Nutzen und Wert zu überzeugen?	1 2 3 4 5	
4. Habe ich die *Weisheit*, um sicherzustellen, dass die Ideen und Strategien zum nachhaltigen Wohl aller strategischen Stakeholder beitragen und nicht im Dienst persönlicher Interessen oder bestimmter Interessensträger stehen?	1 2 3 4 5	

Wer diese vier Fragen nicht mit „1" oder „2" beantworten kann, sollte keine Topführungsposition einnehmen.

Fragebogen 11: Selbstbeurteilungs-Übung für Führungskräfte in Spitzenpositionen (in Anlehnung an Sternberg, 2003).

Wer in einer Führungsposition gutes Urteil und guten Rat geben sowie richtige Entscheidungen in volatilen, unsicheren, komplexen und widersprüchlichen Situationen treffen muss, der braucht:

- Faktenwissen und Kenntnis der Situation.

- Wissen über unterschiedliche Wertvorstellungen, Beweggründe, Ziele und Prioritäten der Menschen.

- Wissen über die Unbestimmtheit und Unvorhersehbarkeit des Lebens und wie man damit zurechtkommt.

- Charakter und Glaubwürdigkeit, mit diesem Wissen und diesen Erfahrungen so umgehen zu können, dass man in schwierigen strategischen Fragen und Lebensangelegenheiten urteilen, entscheiden und Rat geben kann.

Zu Weisheit gehört auch, aus der Überfülle von trügerischen und nicht notwendigen Informationen die ±20 Prozent herauszufiltern, die für Entscheidungen benötigt werden.

Lebensregeln An sich einfache wie treffende Lebensregeln wie:

- tue, was du sagst, dass du tun willst,
- handle klug und bedenke das Ende,
- lege nicht alle Eier in einen Korb,
- betrachte die Dinge von verschiedenen Seiten,
- lass dich nicht vom ersten Eindruck hinreißen,
- beurteile andere wie dich selbst und du wirst dich selten irren,
- sage Nein zu unbilligen Zumutungen,
- versuche nicht, dich durch Geschwätzigkeit beliebt zu machen,
- verkaufe nicht dein Kapital und nenne es Einkommen,
- nimm keine falsche Rücksichtnahme,
- bedenke, was diese Leute sind, bei denen du Bestätigung für dich und dein Unternehmen zu finden wünschst.

Der Leser möge die Liste fortsetzen)

Weisheit ist Wissen mit tendenziell unendlicher Lebenszeit sind ein Konzentrat von persönlichem und kulturellem Wissen sowie Erfahrungen über das Leben und können in die Praxis übertragen werden, wenn man genügend weiß und die Situation kennt. Faktenwissen veraltet schnell, Weisheit dagegen ist ein Wissen mit tendenziell unendlicher Lebenszeit.

212

Die psychologische Forschung weist im Übrigen nach, dass ältere Erwachsene im Durchschnitt nicht weiser sind als jüngere Erwachsene, dass ältere Erwachsene jedoch den höchsten Grad an Weisheit besitzen.[8]

Eine altbekannte, aber dennoch essentielle stoische Lebensregel

Gott, gib mir die Gelassenheit, Dinge hinzunehmen, die ich nicht ändern kann, den Mut, Dinge zu ändern, die ich ändern kann, und die Weisheit, das eine vom anderen zu unterscheiden.

Weisheit lässt sich – zusammenfassend – nur durch persönliche Erfahrungen, durch kritische Lektüre und durch Beziehungen zu und im Umgang mit weisen Menschen gewinnen. Weisheit ist eine andere Dimension in der Kunst der Führung und verleiht dieser eine facettenreichere Perspektive.

4 Das rechte Maß finden

> *„Das rechte Maß zu wissen,*
> *ist die höchste Kunst.“*
> Heraklit

In seinem ethischen Hauptwerk, der Nikomachischen Ethik[9], **Die richtige Mitte** beschreibt Aristoteles, der Begründer der wissenschaftlichen Philosophie, die Vortrefflichkeit oder Exzellenz als die Fähigkeit, die richtige Mitte, das rechte Maß zu wählen. Hinsichtlich Furcht oder Feigheit und Tollkühnheit ist Mut die rechte Mitte zwischen den zwei Extremen, einem „Zuviel" und einem „Zuwenig". Die richtige Mitte ist nicht Mittelmäßigkeit, ist nicht der brave „Durchschnitt", sondern das Maximum, das zwischen zwei Extremen erreicht werden kann. Aristoteles sagt, dass es keine leichte Sache ist, in jedem einzelnen Fall die richtige Mitte zu treffen; der Volksmund bestätigt das mit dem Spruch: Wer zu viel bedenkt, handelt nicht, wer zu wenig bedenkt, wird verwegen und verantwortungslos. Als praktische Maxime gilt, systematisch in den Entscheidungen die Gegensätze des „Zuviel" und des „Zuwenig" auszuschließen oder nach dem volkstümlichen Spruch als Zweitbestes das kleinste Übel zu wählen.

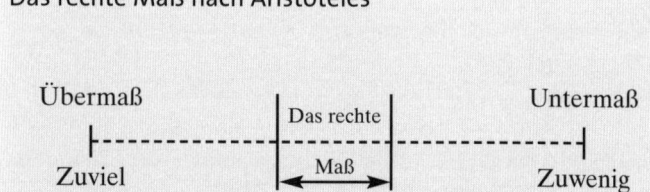

Das rechte Maß nach Aristoteles

Übermaß	Das rechte	Untermaß
Zuviel	Maß	Zuwenig

Beispiele

Verschwendung	Freigebigkeit, Großzügigkeit	Knauserei
Zotenreißerei	Humor, Witz	Plumpheit
Gefallsucht, Schmeichelei	Liebenswürdigkeit	Unfreundlichkeit
Tollkühnheit	Mut	Feigheit
Jähzorn	Zorn	Temperamentlosigkeit

... Der Leser möge die Liste fortführen.

Im Bereich der Unternehmensführung hat das rechte Maß häufig keine Namen

Erneuerung	...	Stabilität
Zentralisierung	...	Dezentralisierung
Langfristige Gewinnorientierung	...	Kurzfristige Gewinnorientierung
Diversifikation	...	Fokussierung
...		

Regeln

Regel 1: Rücke von dem ab, dessen Gegensatz zur Mitte der größere ist.

Regel 2: Wähle das kleinste Übel.

Regel 3: Fasse die Richtung ins Auge, in die du durch eine Einstellung gedrängt wirst, und zwinge dich dann zum entgegengesetzten Extrem, so als ob du krummes Holz zurechtbiegen wolltest.

Regel 4: Sei auf der Hut vor deinen Emotionen.

Regel 5: Bedenke, dass es unvermeidlich ist, dich gelegentlich nach der Seite des Zuviel, dann nach der des Zuwenig zu bewegen, denn so wirst du am leichtesten die Mitte und das Richtige treffen.

In einem vielbeachteten Vortrag „Das rechte Maß" unterscheidet Helmut Maucher[10] die folgenden Bereiche der Führung eines Unternehmens, in denen es gilt, das rechte Maß zu finden:

Dilemmata der Führung

- Langfristige versus kurzfristige Gewinnorientierung.
- Zentralisierung versus Dezentralisierung.
- Marketingpriorität versus Controlling, „spending versus saving".
- Diversifikation versus Fokussierung.
- Die Notwendigkeit von Regelungen und Vorschriften versus die Gewährung von individuellem Spielraum.
- Leistung und Wettbewerbsorientierung versus soziale Verantwortung.
- Nationale und kulturelle Identität des Unternehmens versus internationale Ansprüche.
- Vergütung nach Leistung und Position versus geringe Differenzierung der Lohnstufen und mehr Gleichheit.
- Stärkere Förderung der Leistungsträger versus stärkere Bemühung, die Schwächeren nachzuziehen.

- Sich mehr um die Aktiven oder um die Pensionisten kümmern.
- Berücksichtigung von Dienstjahren und Treue zum Unternehmen versus Wertschätzung von jugendlicher Dynamik.
- Bevorzugung eines kollegialen, auf Delegation beruhenden Führungsstils versus stärkere Betonung von Führung.
- Stabilität versus Erneuerung.

Das rechte Maß ist eine persönliche Angelegenheit Die Diskussion über das rechte Maß betrifft nicht nur die Führung eines Unternehmens, sondern alle Bereiche des Lebens und der Gesellschaft. Das rechte Maß finden ist in erster und letzter Instanz eine strikt persönliche Angelegenheit; auf welcher Ebene es auch immer gestellt wird, es verlangt eine persönliche Entscheidung aus persönlicher Verantwortung heraus. Nur eine *persönliche Einsicht,* in Verbindung mit den anderen drei Kardinaltugenden – Mut, Weisheit und Gerechtigkeit – kann hier richtig diktieren. Diese persönliche Einsicht muss sich einer kritischen Diskussion stellen, um das Risiko weitreichender Irrtümer zu verkleinern. Wer hier nach Sicherheit verlangt, verkennt die ganze Lage des Problems. „Das Glück", so Leonardo da Vinci, „besteht darin, in dem zur Maßlosigkeit neigenden Leben das rechte Maß zu finden".

Das rechte Maß nach der Sozialethik der Stoa

„Als Maß für den Besitz soll für jeden sein Körper dienen wie der Fuß für den Schuh. Wenn du auf diesem Standpunkt stehst, dann wirst du immer das richtige Maß einhalten, wenn du aber darüber hinausgehst, dann wirst du zuletzt unweigerlich in den Abgrund stürzen.

Es ist genauso wie beim Schuh. Wenn du einmal das Bedürfnis des Schuhes überschritten hast, so kommt erst ein vergoldeter, dann ein purpurner, dann ein gestickter Schuh.

Ist einmal das Maß überschritten, dann gibt es keine Grenze mehr."

Epiktet

5 Den technischen, wirtschaftlichen und sozialen Fortschritt sichern

„Das ideale Unternehmen besteht nur aus Unternehmern!"

Peter Baltes

Im Allgemeinen sind die Menschen zufrieden, sich führen zu lassen. Aus Schwäche, Unwissenheit, Bequemlichkeit oder Faulheit überlassen viele Menschen es anderen, Entscheidungen zu treffen. Es sind im Allgemeinen nur wenige, die es lieben, in einem volatilen, unsicheren und kompetitiven Umfeld Strategien zu formulieren, die entsprechenden Aktionsprogramme umzusetzen oder umsetzen zu lassen, die richtigen Mitarbeiter auszuwählen, sich von unfähigen Mitarbeitern zu trennen oder andere komplexe Entscheidungen zu treffen – und dafür die Verantwortung zu übernehmen.

Die Menschen wollen geführt werden

Für den technischen, wirtschaftlichen und sozialen Fortschritt kommt es aber gerade auf diese unternehmerisch denkenden und handelnden Menschen an. Wie zu Beginn des Buches dargestellt, ist Leadership/unternehmerisches Verhalten eine Lebensform, die man wollen muss, weil sie häufig eine radikale Änderung der eigenen Lebensweise verlangt. Am Ende dieses Buches soll deshalb der *Appell* wiederholt werden, einmal an die Führenden, mehr Mitarbeiter als heute zu unternehmerisch denkenden und handelnden Menschen zu machen, zum anderen an jeden Leser, seine Lebensform zu überdenken und sein unternehmerisches Potential noch stärker im Interesse des Unternehmens und der Gesellschaft zu entfalten. Nach unseren Erfahrungen sind erfolgreiche Unternehmen dadurch gekennzeichnet, dass etwa 5–10 Prozent der Mitarbeiter unternehmerisch denken und handeln.

Mehr Leadership und Unternehmertum notwendig

Die technische und wirtschaftliche Kreativität des Unternehmens und seine strategischen Fähigkeiten sind notwendige Bedingungen für den unternehmerischen Erfolg. Entscheidend sind letzten Endes die Persönlichkeit der Führungskräfte, ihre Werte und Einstellungen sowie das Klima, das sie schaffen. Alle großen Unternehmer und Führungskräfte sind

Unternehmer Seefahrern vergleichbar

den Seefahrern vergleichbar, die die Meere erobert haben. Wie diese benutzen sie Instrumente, sie müssen aber auch wie diese die Energie und den Mut aufbringen, in das Unbekannte vorzudringen und mit der Vergangenheit zu brechen. Dazu sind gesunder Menschenverstand, Weisheit, ein Sinn für Proportionen, das rechte Maß, ein Gespür für das, was möglich ist, kritische Urteilsfähigkeit, Leadership und vieles mehr erforderlich. Die unternehmerische Entdeckungsreise besteht nicht nur darin, neue Produkte und Dienstleistungen zu suchen, sondern mit neuen Augen zu sehen.

Die Glaubwürdigkeit der Führungskräfte hängt von vielen Elementen ab: ihrer Hingabe an einen gemeinsamen Zweck, ihrer Kompetenz, der Treue zu ihrem Wertesystem, ihrer Fähigkeit, die richtige Balance zwischen Distanz und Nähe zu den Mitarbeitern zu finden.

Bescheidenheit notwendig Alle diese Faktoren müssen uns bescheiden machen, wenn wir den Erfolg eines Unternehmens erklären und die Leute ausbilden wollen, die es morgen führen werden. Ihre Aufgabe wird sein:

- den technischen, wirtschaftlichen und sozialen Fortschritt zu sichern,

- zum Wachstum und zur Entwicklung derjenigen beizutragen, die im Unternehmen ihr Bestes geben,

- das Unternehmen so zu führen, dass es auch dem Gemeinwohl dient und seinen Beitrag zur Schaffung eines allgemeinen Wohlstandes und zur Sicherung des sozialen Friedens leistet.

218

Liebe(r) Führende(r),

wenn Sie sich Gedanken über Ihre strategische Führungskompetenz und die Zukunft des Unternehmens machen, fragen Sie sich bitte:

1. „Schafft das, womit ich mich beschäftige, nachhaltig
   Werte für die Kunden und die anderen strategischen Stakeholder?"

2. „Was kann ich darüber hinaus noch tun, um das Leben der
   Menschen nachhaltig zu verbessern?"

6 Zusammenfassung für den eiligen Leser

> „Ich kann freilich nicht sagen, ob es besser wird,
> wenn es anders wird; aber so viel kann ich sagen,
> es muss anders werden, wenn es gut werden soll."
> Christoph Georg Lichtenberg

Eines der wichtigsten Ergebnisse unserer Forschung ist, dass
die nachhaltige Performance eines Unternehmens unabhängig
von der Branche, von der wirtschaftlichen Situation, von der
Entwicklung der Nachfrage oder von der Größe des Unternehmens ist. Diese hängt von einer exzellenten Führung, einer
guten Strategie, wirksam umgesetzten taktischen Maßnahmen,
den richtigen Mitarbeitern und auch vom Glück ab.

Die Herausforderung für die Unternehmen besteht in der
Bewältigung des Unerwarteten und nicht in der Anwendung
von Erfolgsrezepten der Vergangenheit. Den Unternehmer
erkennt man daran, wie er mit dem Unvorhersehbaren und
dem Unerwarteten umgeht. Die Rechtfertigung des Unternehmens liegt zunehmend in seiner Fähigkeit, das Unerwartete
erfolgreich und effizient zum Wohl der strategischen Stakeholder zu meistern. Unternehmen werden ihrem Zweck gerecht,
wenn sie den wirtschaftlichen und technischen Fortschritt
sichern und dem Allgemeinwohl dienen.

- Die Innovationsrate ist der Maßstab für die kontinuierliche Erneuerung des Unternehmens.
- Die besten Führungskräfte und die besten Mitarbeiter sind gerade gut genug.
- Strategische Führungskompetenz mit Weisheit verbinden. Weisheit ist ein Expertenwissen in praktischen Fragen der Unternehmens- und Lebensführung, Weisheit verleiht den Führungskräften Respekt und Autorität.
- Das rechte Maß finden. Es wäre in der Welt der Unternehmen und der Wirtschaft viel gewonnen, wenn mehr Menschen als heute weise wären und wenn ein Teil dieser Menschen Führungspositionen in unserer Gesellschaft innehätte.

7 Und was sagt Nasreddin?

Nasreddin reitet auf seinem Kamel und trifft drei Männer, die heftig streiten. Auf seine Frage erklären sie ihm, dass sie 17 Kamele von ihrem Vater geerbt haben, der dem ältesten Sohn die Hälfte, dem mittleren ein Drittel und dem jüngsten ein Neuntel vermacht habe. Im Streit geht es darum, wie die Kamele aufgeteilt werden sollen.

Nasreddin steigt ab, gibt sein Kamel den drei Brüdern und fordert sie auf, die 18 Kamele aufzuteilen. Der Älteste nimmt nun die Hälfte davon, also neun, der Mittlere ein Drittel, also sechs, und der Jüngste ein Neuntel, also zwei. Nasreddins Kamel bleibt übrig, er steigt wieder auf und reitet weiter, neuen Herausforderungen entgegen.

Eine Moral von der Geschichte

Viele Probleme lassen sich lösen, wenn wir „out of the box" denken und unseren Bezugsrahmen ändern. Die Geschichte zeigt aber auch, dass Führende eine Art von Katalysator sind, die durch ihre Anregung, ohne unmittelbar in das Geschehen

einzugreifen, beitragen, dass ihre Mitarbeiter neue Möglichkeiten erschließen, Probleme kreativ lösen oder schlecht kalkulierte Risiken erfolgreich abwenden. Schließlich weist die
Geschichte auch darauf hin, dass Unternehmer und Führungskräfte sich täglich neu beweisen müssen; es gibt keine Garan-
tie, dass sie auch morgen noch zum Führungskreis gehören.

Anmerkungen

*„Man sollte nach jedem Buch
etwas mehr wissen als vorher."*
Janosch

Anmerkungen zu I

1 Siehe Hinterhuber (2007), S. 80ff.

2 Siehe Hinterhuber (2005), S. 16ff.

3 Siehe Schuler, A. J. (2003): für die Fragen 8 bis 20. Dr. A. J. Schuler is an expert in leadership and organizational change. To find out more about his programs and services, visit: http://www.schulersolutions.com/

4 Siehe Hinterhuber (2007), S. 16ff.

5 Siehe Clawson (2009), S. 4

6 Siehe Finkelstein (2003), S. 90ff; siehe auch Gladwell (2009), S. 115ff.

7 Siehe Bennedsen/Pérez-Gonzáles/Wolfenzon (2006)

8 Lev (2009); siehe auch Kaplan/Klebanov/Sorensen (2008); Malmendier/Tate (2009)

9 Diamond (2005), S. 572; siehe auch Gladwell (2009), S. 36ff.

10 Siehe Neubauer/Rosemann (2006), S. 34ff.; siehe auch Agle/Nagarajan/Sonnenfeld/Srinivasan (2006), S. 161–174

11 Siehe Neubauer/Rosemann (2006), S. 36

12 Siehe Wunderer (2009), S. 460ff.

13 Chatterjee/Hambrick (2007), S. 352–386; Deutschmann (2005), S. 44–52

14 Siehe Conger/Kanungo (1998), S. 29–81; siehe auch Malmadier/Tate (2005), S. 2661–2700

15 In der griechischen Mythologie ist Narziss der schöne Sohn des Flussgottes Kephisos, der sich in unerfüllter Liebe zu seinem Spiegelbild, das er im Wasser erblickte, verzehrte. Er wurde schließlich als Strafe für seine Selbstliebe in eine Narzisse verwandelt.

16 Siehe Kirsch (2009), S. 40–44

17 Siehe Maccoby (2003), S. 180–199; Chatterjee/Hambrick (2007), S. 352–386

18 Siehe Wilpert (2007), S. 18

19 Siehe Malmendier/Tate (2005) S. 2661–2700; Malmendier/Tate (2009); Lev (2009)

20 Volkan (2006), S. 205–227

21 Siehe Deutschmann (2005), S. 44–52

22 Siehe Hildemann (2009), S. 93–99

23 Siehe Collins (2001), S. 67–76

24 Siehe Abfalter/Hinterhuber (2009)

25 Siehe Hinterhuber/Popp (1992), S. 105–113; Carpenter/Sanders (2007), S. 37

26 Siehe Hinterhuber (2004), Band I, S. 10ff.

Anmerkungen zu II

1 Siehe Rivkin (2006)

2 Siehe Barthelmy (2006), S. 81–84

3 Siehe Jullien (2006), S. 20ff.

4 Jullien (2006), S. 40

5 Jullien (2006), S. 43–44

6 Jullien (2006), S. 53

7 Jullien (2006), S. 96

8 Zitiert aus Kessel (1967), S. 163

9 Siehe Greengrove (2002), S. 405–421

10 Nagle/Holden (2002); Hinterhuber (2008), S. 41–50

11 Siehe Kaplan/Sensoy/Strömberg (2009), S. 75–115

12 Siehe Hinterhuber (2004), Band I, S. 1ff.

13 Kormann (2005), S. 112

Anmerkungen zu III

1 Die Ausführungen beruhen auf der gemeinsam mit S. Rothenberger verfassten Arbeit: Führung und Strategie verbinden. F.A.Z., 6.2.2006, S. 20

2 Siehe Hinterhuber (2004), Band II, S. 108ff.

3 Siehe Kunstler (2001), S. 22–29

Anmerkungen zu IV

1 Siehe Hinterhuber (2007), S. 167ff.

2 Siehe Hinterhuber (2008), S. 41–50

3 Siehe ausführlich Hinterhuber, A. (2004); (2008a und b)

4 Fehrenbach, F., zitiert in: Focus 1/2009, S. 6–15

5 Kleisterlee, G., zitiert in: Focus 1/2009, S. 56

6 Siehe Neubauer/Rosemann (2006), S. 158ff.

7 Siehe Haidt (2006); Seligman (2007 und 1995)

8 Siehe Lyubomirsky (2008), S. 96ff.

9 Siehe Bossidy/Charan/Burk (2002), S. 265

10 Kellerman (2004), S. 54ff.

11 Hunter (2004)

Anmerkungen zu V

1 Veenhofen (1997), S. 3

2 Siehe Rojas (2007), S. 1–14

3 Siehe Layard (2005), S. 72ff.; Frey (2008), S. 38ff.

4 Siehe Layard (2005), S. 125ff.; Seligman (2007), S. 78ff.; Kahnemann/Diener/Schwarz (1999)

5 Siehe Layard (2005), S. 57ff.

6 Siehe Winkelmann/Winkelmann (1998), S. 1–15

7 Siehe Diener/Biswas-Diener (2008), S. 73ff.

8 Csikszentmihalyi (1992), S. 18ff.

9 Siehe dazu Ben-Shahar (2007), S. 36ff.

10 Siehe Lyubomirsky (2008), S. 27ff.

11 Siehe Lyubomirsky (2008), S. 89ff.

12 Siehe Layard (2005), S. 180ff.

13 Siehe Bloom/Van Reenen (2006), S. 1351–1408

14 Siehe Hinterhuber/Krauthammer (2005), S. 89–98

15 Siehe Diener/Biswas-Diener (2008), S. 68ff.

16 Siehe Diener/Lucas/Scollon (2006), S. 305–314

17 Siehe Buckingham/Coffman (1992); Wagner/Harter (2006)

18 Siehe Diener/Biswas-Diener (2008), S. 120ff.

19 Hinterhuber (2007), S. 178ff.

20 Siehe Bechetti (2007), S. 22–35

21 Siehe Gracián (o.J.), S. 86ff.

22 Mathis (2007), S. 123

Anmerkungen zu VI

1 Siehe Hinterhuber (2004), Band II, S. 53ff.

2 Siehe Stadler/Hinterhuber (2005), S. 467–484

3 „With good judgment, little else matters. without it, nothing else matters." Tichy/Bennis (2007), S. 57

4 Siehe Sternberg (2003), S. 112; Sternberg (1993), S. 96ff.; Tichy/Bennis (2007), S. 57ff.

5 Siehe Baltes/Smith (1993), S. 87–120; Baltes/Smith/Smith (1990)

6 Siehe Sternberg (2003), S. 12ff.

7 Siehe Baltes/Smith (1993), S. 90ff.; siehe auch Baltes (1993), S. 130ff.

8 Siehe Sternberg (2003), S. 97; Aubrey/Cohen (1995), XIV

9 Siehe Aristoteles (o.J.), S. 179–181

10 Siehe Maucher (2008)

Literaturverzeichnis

*„Du kannst kein Buch öffnen,
ohne etwas daraus zu lernen."*
Chinesisches Sprichwort

Abfalter, D./Hinterhuber, H. H. (2010): Der Einfluss authentischen Führungsverhaltens auf den wahrgenommenen Erfolg im Kulturbetrieb (im Druck)

Agle, B. R./Nagarajan, N. J./Sonnenfeld, J. A./Srinivasan, D. (2006): Does CEO charisma matter? An empirical analysis of the relationship among organizational performance, environmental uncertainty, and top management team perceptions of CEO charisma. In: Academy of Management Journal 49, S. 161–174

Albach, H. (2007): Unternehmenstheorie und Unternehmensethik. In: Zeitschrift für Betriebswirtschaft, Special Issue 1, S. 1–13

Aristoteles (1950): Analytiker der Wirklichkeit. Herausgegeben und eingeleitet von Lehmann-Leander, E. R., Berlin 1950

Aubrey, R./Cohen, P.M. (1995): Working Wisdom: Timeless Skills and Vanguard Strategies for Learning Organizations. San Francisco

Avolio, B. J./Gardner, W. L. (2005): Authentic Leadership Development: Getting to the root of positive forms of leadership. In: The Leadership Quarterly 16, S. 315–338

Avolio, B. J./Gardner, W. L./Walumbwa, F. O./Luthans, F./May, D. R. (2004): Unlocking the mask: a look at the process by which authentic leaders impact follower attitudes and behaviours. In: The Leadership Quarterly 15, S. 801–823

Baltes, P. B./Smith, J. (1993): Towards a psychology of wisdom and its ontogenesis. In: Sternberg, R. J. (Ed.): Wisdom: Its nature, origins and development. New York, S. 87–120

Baltes, P. B. (1993): Lebenstechnik. Darmstadt

Baltes, P. B./Smith, J. (1990): Weisheit und Weisheitsentwicklung: Prolegomena zu einer psychologischen Weisheitstheorie. In: Zeitschrift für Entwicklungspsychologie und Pädagogische Psychologie 22, S. 95–135

Barthélemy, J. (2006): The experimental roots of revolutionary vision. In: MIT Sloan Management Review 48, S. 81–84

Becchetti, L. (2007): Il denaro fa la felicità? Bari

Bennedsen, M./Pérez-Gonzáles, F./Wolfenzon, D. (2008): Do CEO's matter? Copenhagen/NYU Working Paper, No. FIN-06-032

Ben-Shahar, T. (2009): Glücklicher. Lebensfreude, Vergnügen und Sinn finden mit dem populärsten Dozenten der Harvard University. München

Blanchard, K. (2007): Leading at a Higher Level. Harlow

Bloom, N./Van Reener, J. (2006): Measuring and Explaining Management Practices Across Firms and Countries. In: The Quarterly Journal of Economics 122 (4), S. 1351–1408

Bossidy, L./Charan, R./Burck, Ch. (2002): Execution: The Discipline of Getting Things Done. New York

Campbell, W. K./Goodie, A. S./Foster, J. D. (2004): Narcissism, confidence, and risk attitude. In: Journal of Behavioral Decision Making 17, S. 297–311

Carpenter, M. A./Sanders, W. G. (2009): Strategic Management. A Dynamic Perspective. 2nd Edition, Upper Saddle River

Chatterjee, A./Hambrick, D. C. (2007): It's All About Me: Narcissistic CEOs and Their Effects on Company Strategy and Performance. In: Administrative Science Quarterly 52(3), S. 352–386

Clawson, J. G. (2009): Level Three Leadership. Getting Below the Surface. 4th Edition, Upper Saddle River

Collins, J. (2001): Level 5 Leadership: The Triumph of Humility and Fierce Resolve. In: Harvard Business Review, January 2001, S. 67–76

Collins, J. (2006): Direkt in die Venen. In: WirtschaftsWoche, Nr. 34, 21.8.2006, S. 108

Colvin, G. (2005): The Power of Wisdom. In: Fortune 21, S. 31–52

Colvin, G. (2009): Yes, you can raise prices. In: Fortune 159, S. 19

Conger, J. A./Kanungo, R. N. (1998): Charismatic Leadership in Organizations. London

Csikszentmihalyi, M. (1992): Das Geheimnis des Glücks. Stuttgart

Daft, R. L. (2008): The Leadership Experience. 4th Edition, Mason

Deutschmann, A. (2005). Is your boss a psychopath? In: Fast Company 96, S. 44–52

Diamond, J. (2005): Arm und Reich: Die Schicksale menschlicher Gesellschaften. 6. Auflage, Frankfurt am Main

Diener, E./Biswas-Diener, R. (2008): Happiness: Unlocking the mysteries of psychological wealth. Oxford

Diener, E./Lucas, R. E./Scollon, C. N. (2006): Beyond the hedonic treadmill: Revising the adaptation theory of well-being. In: American Psychologist 61, S. 305–314

Epiktet (1992): Wege zum glücklichen Handeln. Frankfurt am Main

Epikur (1995): Über das Glück. Zürich

Finkelstein, S. (2003): Why smart executives fail: And what you can learn from their mistakes. New York

Frey, B. S. et al (2008): Happiness – A Revolution in Economics. Cambridge

Frey, B. S./Stutzer, A. (2002): Happiness and Economics. Princeton

Fulmer, R. M./Goldsmith, M. (2002): Future Leadership Development. In: Choudhury, S. (Ed.): Management 21 C, London, S. 172–185

Gino, F./Schweitzer, M. E. (2008): Blinded by Anger or Feeling: How Emotions Influence Advice Taking. In: Journal of Applied Psychology 93 (5), S. 81–95

Gladwell, M. (2009): Überflieger. Warum manche Menschen erfolgreich sind – andere nicht. München

Gracián, B. (1986): Handorakel und Kunst der Weltklugheit. Frankfurt am Main

Greengrove, K. (2002): Needs-based segmentation: principles and practice. In: International Journal of Market Research 44 (4), S. 405–421

Hadot, P. (1999): Wege zur Weisheit. Frankfurt am Main

Haidt, J. (2006): The Happiness Hypothesis. Finding Modern Truth in Ancient Wisdom. New York

Hayek, N. G. (2005): Nicolas G. Hayek im Gespräch mit Friedemann Bartu. Ansichten eines Vollblutunternehmers. Zürich

Hayek, N. G. (2008): Verantwortung der Schweizer Unternehmer in einer globalisierten Welt. Referat gehalten am „Tag der Wirtschaft" der Economiesuisse in Baden am 5.9.2009

Hildemann, K. D. (2008): Charismatische Führungspersönlichkeit und soziale Verantwortung. In: Eurich, J./Brink, A. (Hg.): Leadership in sozialen Organisationen. Wiesbaden, S. 93–99

Hinterhuber, A. (2004): Towards value-based pricing – An integrative framework for decision making. In: Industrial Marketing Management 33 (8), S. 765–778

Hinterhuber, A. (2008a): Customer value-based pricing strategies: why companies resist. In: Journal of Business Strategy 29, No.4, S. 41–50

Hinterhuber, A. (2008b): Value delivery and value-based pricing in industrial markets. In: Advances in Business Marketing and Purchasing 14, S. 381–448

Hinterhuber, H. H. (2007): Leadership. Strategisches Denken systematisch Schulen von Sokrates bis heute. 4. Auflage, Frankfurt am Main

Hinterhuber, H. H. (2004): Strategische Unternehmungsführung. Band I und Band II, 7. Auflage, Berlin

Hinterhuber, H. H./Krauthammer, E. (2005): Leadership – mehr als Management. 4. Auflage, Wiesbaden

Hinterhuber, H. H./Popp, W. (1992): Are You a Strategist or Just a Manager? In: Harvard Business Review 70, January–February, S. 105–113

Hunter, J. C. (2004): The World's Most Powerful Leadership Principle. How to Become a Servant Leader. New York

Jullien, F. (2006): Vortrag vor Managern über Wirksamkeit und Effizienz in China und im Westen. Berlin

Kahnemann, D./Diener, E./Schwarz, N. (Eds.) (1999): Well-Being. The Foundations of Hedonic Psychology. New York

Kaplan, S. N./Sensoy, B. A./Strömberg, P (2009): Should Investors Bet on the Jockey or the Horse? Evidence from the Evolution of Firms from Early Business Plans to Public Companies. In: Journal of Finance 64 (1), S. 75–115

Kaplan, S. N./Klebanov, M. M./Sorensen, M. (2008): Which CEO Characteristics and Abilities Matter? NBER Working Paper No. W14195

Kellermann, B. (2004): Bad Leadership: What It Is, How It Happens, Why It Matters. Boston

Kessel, E. (1967): Wilhelm von Humboldt. Stuttgart

Kirsch, G. (2009): Eitelkeit – Privates Laster oder öffentliche Tugend? In: Focus 1/2009, S. 40–44

Koestenbaum, P. (2002): Leadership. The Inner Side of Greatness. 2. Auflage, San Francisco

Kormann, H. (2005): Nachhaltige Kundenbindung – Gegen den Mythos nur wettbewerborientierter Strategien. Frankfurt am Main

Knürr, H. (2006): 80 Ansichten eines gestandenen Unternehmers. Auffassungen und Anregungen aus 40 Jahren leidenschaftlichen Unternehmertums. Bonn

Kunstler, B. (2001): Building a Creative Hothause. In: The Futurist, January–February, S. 22–29

Layard, R. (2005): Happiness. Lessons from a New Science. London

Lev, B. (2009): Managerial-Ability – The Ultimate Intangible: the Measurement and Uses of Top Manager's Ability. Vortrag gehalten auf der 32. Jahrestagung der AIDEA, Ancona (Italien), 24.9.2009

Luthans, F./Hodgetts, R. M./Rosenkrantz, S. A. (1988): Real Managers. Cambridge

Lyubomirsky, S. (2008): The how of happiness: A scientific approach to getting the life you want. New York

Maccoby, M (2003): The Productive Narcissist: The Promise and Peril of Visionary Leadership. New York

Malmendier, U./Tate, G. A. (2010): Superstar CEOs, Quarterly Journal of Economics (im Druck)

Malmendier, U./Tate, G. A. (2005): CEO Overconfidence and Investment, Journal of Finance, Vol. 60 (6), S. 2661–2700

Mathis, F. (2007): Unter den Reichsten der Welt – Verdienst oder Zufall? Innsbruck

Maucher, H. (2008): Das rechte Maß. Vortrag gehalten im Rahmen der Carl Friedrich von Weizsäcker-Gespräche in München am 25.1.2008

McFarland, K. R. (2008): The Breakthrough Company. How Everyday Companies Become Extraordinary Performance. New York

Meylan, Th./Teays, T. (2007): Optimizing Luck. Mountain View

Nagle, T./Holden, R. (2002): The Strategy and Tactics of Pricing. 3rd Edition, Essex

Neubauer, W./Rosemann, B. (2006): Führung, Macht und Vertrauen in Organisationen. Stuttgart

O'Brien, J. (2007): Wii Will Rock You – How Nintendo's new game machine won over the world. In: Fortune 155 (10), 11.6.2007

Pircher-Friedrich, A. (2005): Mit Sinn zum nachhaltigen Erfolg – Anleitung zur werte- und wertorientierten Führung. Berlin

Pölsing, Ph. (2009): Haftungsrisiko für Aufsichtsräte. In: F.A.Z., 13.5.2009, S. 18

Raynor, M. E./Mumtaz, A./Henderson, A. D. (2009): A Random Search for Excellence: Why „Great Company" Research Delivers Fables and not Facts. Deloitte Development

Rivkin, J. (2006): Where do successful strategies come from? In: Harvard Business School note 9-706-432, February

Röd, W. (2008): Der Weg der Philosophie 1. Von den Anfängen bis ins 20. Jahrhundert: Altertum, Mittelalter, Renaissance. 2. Auflage, München

Rojas, M. (2007): Heterogeneity in the relationship between income and happiness: A conceptual-referent-theory explanation. In: Journal of Economic Psychology 28 (1), S. 1–14

Rumi, D. (2000): Mathnawi. Band IV, Köln

Seligman, M. E. P. (1995): Authentic Happiness. New York

Seligman, M. E. P. (2007): Der Glücks-Faktor. Warum Optimisten länger leben. Bergisch-Gladbach

Schoch, R. (2006): The Secrets of Happiness. New York

Seneca (1995): Mächtiger als das Schicksal. Zürich

Stadler, Ch./Hinterhuber, H. H. (2005): Shell, Siemens and DaimlerChrysler: Leading Change in Companies with Strong Values. In: Long Range Planning 38, S. 467–484

Sternberg, R. J. (Ed.) (1993): Wisdom. Its Nature, Origins, and Development. Cambridge

Sternberg, R. J. (2003): Wisdom, Intelligence, and Creativity Synthesized. Cambridge

Sternberg, R. J. (2003): WICS: A Model of Leadership in Organizations. In: Academy of Management Learning and Education 2, No. 4, S. 386–401

Stout, M. (2005): The Sociopath Next Door: The Ruthless Versus the Rest of Us. New York

The Center for Army Leadership (Ed.) (2004): The U.S. Army Leadership Field Manual. New York

Tichy, N. M./Bennis, W. G. (2007): Judgement. How Winning Leaders Make Great Calls. New York

Ulrich, D./Smallwood, N. (2007): Leadership Brand: Developing Customer-focused Leaders to Drive Performance and Build Lasting Value. Boston

Volkan, V. (2006): Großgruppen und ihre politischen Führer mit narzisstischer Persönlichkeitsorganisation. In: Kernberg, O. F./Hartmann, H. P. (Hg.): Narzissmus. Grundlagen – Störungsbilder – Therapien, Stuttgart, S. 205–227

Veenhoven, R. (1997): The Utility of Happiness. In: Social Indicators Research 20, S. 335–354

v. Wilpert, G. (2007): Die 101 wichtigsten Fragen. Goethe. Nördlingen

Wagner, R./Harter, J. K. (2006): 12. The Elements of Great Managing. New York

Ward-Perkins, B. (2005): The Fall of Rome and the End of Civilization. Oxford

Winkelmann, R./Winkelmann, L. (1998): Why are the Unemployed so Unhappy? Evidence from Panel Data. In: Economica 65, S. 1–15

Wunderer, R. (2010): Führung und Zusammenarbeit. Eine unternehmerische Führungslehre. 7. Auflage, München

Der Autor

Hans H. Hinterhuber ist Chairman von Hinterhuber & Partners GmbH, Strategy/Pricing/Leadership Consultants, einer international tätigen Unternehmensberatung. Bis 2006 war er Direktor des Instituts für Strategisches Management, Marketing und Tourismus der Universität Innsbruck. Heute berät er weltweit Unternehmen zu Fragen der Strategie und Leadership. Er ist der Verfasser von über 400 wissenschaftlichen Arbeiten und 40 Büchern im Bereich der Strategischen Unternehmensführung, des Führungsverhaltens und des Innovationsmanagements. Seine Bücher „Strategische Unternehmensführung" und „Leadership" haben Generationen von Führungskräften und Studenten inspiriert und sind in viele Sprachen übersetzt worden.

Seine Arbeiten sind in der Harvard Business Review, International Journal of Production Economics, Long Range Planning, International Journal of TechnologyManagement, Zeitschrift für Betriebswirtschaft und anderen Journalen erschienen. Gemeinsam mit Professor Dr. Dr. h.c. mult. Robert W. Grubbström leitet er die renommierten „International Working Seminars on Production Economics", die seit 1981 alle zwei Jahre in Innsbruck stattfinden.

Er ist Träger des Österreichischen Ehrenkreuzes für Wissenschaft und Kunst erster Klasse.

Sein Leadership-Credo:

„Führen heißt, das Beste aus den Menschen herauszuholen. Dazu muss man ihnen helfen, es selbst zu tun. Dies gelingt, wenn man die Menschen ermutigt, ihr eigenes Potential so weit zu entwickeln, als sie selbst es können und vielleicht ein bisschen höher zu streben, als sie erreichen können."

E-Mail: hans@hinterhuber.com
Internet: http://www.hinterhuber.com

**Integrierte Analysen für
integrierte Kommunikation**

Excellence in Communication Research

- Globales Medien-Monitoring
- Vergleichende Zielgruppenanalysen
- Integrierte Reputationsbilanzen

für Großunternehmen und Verbände

Weitere Informationen unter:

www.kommunikationsanalysen.de
www.prime-research.com
analysen@faz-institut.de
Telefon 069 - 75 91 32 54

F.A.Z.-INSTITUT   **PRIME** RESEARCH

Rainer Hank Hg.
Erklär' mir die Welt
Was Sie schon immer über
Wirtschaft wissen wollten
*336 Seiten. Hardcover mit Schutz-
umschlag. 24,90 € (D)*, 44,00 CHF
ISBN 978-3-89981-156-8*

Hanno Beck
Die Logik des Irrtums
Wie uns das Gehirn täglich ein
Schnippchen schlägt
*208 Seiten. Hardcover mit Schutz-
umschlag. 24,90 € (D)*, 25,50 € (A)
ISBN 978-3-89981-157-5*

Sabine Strick Hg.
Die Psyche des Patriarchen
*200 Seiten. Hardcover mit Schutz-
umschlag. 24,90 € (D)*, 44,00 CHF
ISBN 978-3-89981-172-8*

Rainer Hank Hg.
Neues vom Sonntagsökonom
Geschichten aus dem wahren Leben
*240 Seiten. Hardcover mit Schutzumschlag.
17,90 € (D)*, 31,70 CHF
ISBN 978-3-89981-219-0*

Hanno Beck
Das kleine Wirtschafts-Heureka
Ökonomische Geistesblitze
für zwischendurch
*224 Seiten. Flexcover.
17,90 € (D)*
ISBN 978-3-89981-189-6*

Dirk Freytag
Macht
Eine Gebrauchsanweisung
für den Alltag
*232 Seiten. Hardcover mit Schutz-
umschlag. 17,90 € (D)*, 31,70 CHF
ISBN 978-3-89981-171-1*

Daniel Schäfer
Die Wahrheit über die Heuschrecken
Wie Finanzinvestoren die
Deutschland AG umbauen
*224 Seiten. 2., akt. Auflage.
Hardcover mit Schutzumschlag.
24,90 € (D)*, 44,00 CHF
ISBN 978-3-89981-119-3*

Hans Kammerlander, Rainer Kurek
Direttissima zum Erfolg
Was (Automobil-) Manager vom
Höhenbergsteigen lernen können
*192 Seiten. Mit zahlreichen Farbbildern.
Hardcover mit Schutzumschlag.
24,90 € (D)*, 44,00 CHF
ISBN 978-3-89981-158-2*

Daniel F. Pinnow
Elite ohne Ethik?
Die Macht von Werten und
Selbstrespekt
*196 Seiten. Hardcover mit Schutz-
umschlag. 24,90 € (D)*, 44,00 CHF
ISBN 978-3-89981-137-7*

* zzgl. ca. 3,– € Versandkosten bei Einzelversand im Inland. Sämtliche Titel auch im Buchhandel erhältlich.

Frankfurter Allgemeine Buch

Stefanie Unger Hg.
Vertrauen ist gut
Werte in der Krise oder Krise der Werte?
240 Seiten. Hardcover mit
Schutzumschlag.
19,90 € (D), 34,50 CHF
ISBN 978-3-89981-207-7

Judith Lembke
Neulich in meinem Café
Ökonomische Gespräche
beim Cappuccino
224 Seiten. Hardcover mit Schutzumschlag.
17,90 € (D)*, 31,90 CHF
ISBN 978-3-89981-205-3

Michael Best
Kapitalismus reloaded
Wohin wir nach dem Debakel müssen
240 Seiten. Hardcover mit
Schutzumschlag.
24,90 € (D)*, 42,80 CHF
ISBN 978-3-89981-202-2

Winand von Petersdorff
Das Geld reicht nie
Warum T-Shirts billig, Handys
umsonst und Popstars reich sind.
Ein Wirtschaftsbuch für Jugendliche
176 Seiten. Hardcover.
19,90 € (D)*, 35,10 CHF
ISBN 978-3-89981-150-6

Simone Uttich, Steffen Uttich
Es ist nur Geld
10 Fehler, mit denen Sie sicher
Ihr Vermögen versenken
240 Seiten. Flexcover.
17,90 € (D)*, 31,90 CHF
ISBN 978-3-89981-206-0

Gerald Braunberger
Keynes für jedermann
Die Renaissance des
Krisenökonomen
200 Seiten. Flexcover.
17,90 € (D)*, 31,90 CHF
ISBN 978-3-89981-203-9

Katja Gentinetta, Karen Horn Hg.
Abschied von der
Gerechtigkeit
Für eine Neujustierung von Freiheit
und Gleichheit im Zeichen der Krise
120 Seiten. Broschiert.
19,90 € (D)*
ISBN 978-3-89981-216-9

Annette Kehnel Hg.
Geist und Geld
220 Seiten. Hardcover mit
Schutzumschlag.
39,90 € (D)*, 55,00 CHF
ISBN 978-3-89981-211-4

Nadine Oberhuber
Kassensturz
Wie aus weniger wieder
mehr wird.
Gute Tipps für harte Zeiten
200 Seiten. Flexcover.
17,90 € (D)*, 31,90 CHF

* zzgl. ca. 3,– € Versandkosten bei Einzelversand im Inland. Sämtliche Titel auch im Buchhandel erhältlich.

Frankfurter Allgemeine Buch

Achim Kinter, Ulrich Ott, Eliza Manolagas

Führungskräfte-kommunikation

Grundlagen, Instrumente,
Erfolgsfaktoren. Das Umsetzungsbuch
232 Seiten. Hardcover mit
Schutzumschlag. 29,90 € (D)*, 52,00 CHF
ISBN 978-3-89981-192-6

Hans-Peter Förster, Gerhard Rost,
Michael Thiermeyer

Corporate Wording®

Die vier Erfolgsfaktoren für
professionelle Kommunikation
224 Seiten. Hardcover mit
Schutzumschlag. 29,90 € (D)*,52,00 CHF
ISBN 978-3-89981-194-0

Jörg Pfannenberg

Veränderungs-kommunikation

So unterstützen Sie den Change-Prozess wir-
kungsvoll – Themen, Prozesse, Umsetzung
240 Seiten. Hardcover mit Schutzumschlag.
29,90 € (D)*, 52.00 CHF
ISBN 978-3-89981-195-7

Albert Thiele

Präsentieren Sie einfach

Mit und ohne Medien – Techniken und
Strategien für Vorträge unter Zeitdruck
256 Seiten mit CD-ROM.
Hardcover mit Schutzumschlag.
29,90 € (D)*, 52,00 CHF
ISBN 978-3-89981-123-0

Hans-Peter Förster Hg.

FLOSKELscanner® CD-ROM

Ihr Coach für erstklassige Texte
ohne Floskeln, Lesehemmer oder
Bandwurmsätze.
Kommunikationssoftware auf CD-ROM
Einzelplatzlizenz. 59,90 € (D)*, 103,00 CHF
ISBN 978-3-89981-141-4

Jörg Pfannenberg, Ansgar Zerfaß Hg.

Wertschöpfung durch Kommunikation

Kommunikations-Controlling in der
Unternehmenspraxis
240 Seiten. Hardcover mit Schutzumschlag.
39,90 € (D), 65,00 CHF
ISBN 978-3-89981-212-1

Jürg W. Leipziger

Konzepte entwickeln

Handfeste Anleitung für bessere
Kommunikation
224 Seiten. 3., akt. Aufl.
Hardcover mit Schutzumschlag.
29,90 € (D)*, 52,00 CHF
ISBN 978-3-89981-023-3

Heike Bühler, Uta-Micaela Dürig Hg.

Tradition kommunizieren

Das Handbuch der Heritage Communication. Wie Unternehmen ihre Wurzeln
und Werte professionell vermitteln
272 Seiten. Hardcover mit
Schutzumschlag.
39,90 € (D)*, 71,00 CHF
ISBN 978-3-89981-165-0

Gero Kalt, Achim Kinter, Michael Kuhn Hg.

Strategisches Issues Management

Vom erfolgreichen Umgang mit Krisen
und Profilierungsthemen.
Konzepte – Implikationen – Best Practices
256 Seiten. Hardcover mit Schutzumschlag.
39,90 € (D)*, 55,00 CHF
ISBN 978-3-89981-213-8

* zzgl. ca. 3,– € Versandkosten bei Einzelversand im Inland. Sämtliche Titel auch im Buchhandel erhältlich.

Frankfurter Allgemeine Buch

Françoise Hauser
Reisejournalismus
Das Handbuch für Quereinsteiger,
Globetrotter und (angehende) Journalisten
224 Seiten. Hardcover mit Schutz-
umschlag. 24,90 € (D)*, 44,00 CHF
ISBN 978-3-89981-184-1

Heiko Burrack, Ralf Nöcker
Vom Pitch zum Award
Insights in eine ungewöhnliche Branche
224 Seiten. Hardcover mit Schutzumschlag. 24,90 € (D)*, 44,00 CHF
ISBN 978-3-89981-164-3

Hartwin Möhrle
Krisen-PR
Krisen erkennen, meistern und vorbeu-
gen – Ein Handbuch von Profis für Profis
200 Seiten. 2. Aufl. Hardcover mit Schutzumschlag. 29,90 € (D)*, 52,00 CHF
ISBN 978-3-89981-135-3

Norbert Schulz-Bruhdoel, Katja Fürstenau
Die PR- und Pressefibel
Zielgerichtete Medienarbeit. Das Praxis-
lehrbuch für Ein- und Aufsteiger
400 Seiten. 5., akt. Auflage.
Hardcover mit Schutzumschlag.
29,90 € (D)*, 52,00 CHF
ISBN 978-3-89981-170-4

Norbert Schulz-Bruhdoel,
Michael Bechtel
Medienarbeit 2.0
Cross-Media-Lösungen.
Das Praxisbuch für PR und Journalismus
von morgen
244 Seiten. Hardcover mit Schutzumschlag.
24,90 € (D)*, 44,00 CHF
ISBN 978-3-89981-193-3

Viola Falkenberg
Pressemitteilungen schreiben
Die Standards professioneller Pressearbeit.
Mit zahlreichen Übungen und Checklisten
240 Seiten. 5., akt. Aufl. Hardcover mit
Schutzumschlag. 24,90 € (D)*, 44,00 CHF
ISBN 978-3-89981-169-8

Christian Sauer
Souverän schreiben
Klassetexte ohne Stress.
Wie Medienprofis kreativ und
effizient arbeiten
224 Seiten. Hardcover mit Schutzumschlag. 24,90 € (D)*, 44,00 CHF
ISBN 978-3-89981-139-1

Renée Hansen, Stephanie Schmidt
Konzeptionspraxis
Eine Einführung für PR- und
Kommunikationsfachleute.
Mit einleuchtenden Betrachtungen
über den Gartenzwerg
200 Seiten. 3., akt. Aufl. Hardcover mit
Schutzumschlag. 25,90 € (D)*, 45,50 CHF
ISBN 978-3-89981-125-4

Hans-Peter Förster
Texten wie ein Profi
Ein Buch für Einsteiger und Könner.
Mit über 5.000 Wortideen
zum Nachschlagen
270 Seiten. 11. Auflage. Hardcover mit
Schutzumschlag. 25,90 € (D), 45,50 CHF
ISBN 978-3-89981-186-5

Frankfurter Allgemeine Buch

Gerald Braunberger,
Judith Lembke Hg.
Finanzdynastien
Die Macht des Geldes
232 Seiten. Flexcover.
17,90 € (D)*, 31,70 CHF
ISBN 978-3-89981-188-9

Christoph Moss
Deutsch für Manager
Fokussierte Stilblüten aus der globalisierten Welt der Sprach-Performance
184 Seiten. Flexcover.
17,90 € (D)*, 31,70 CHF
ISBN 978-3-89981-173-5

Alexander Ross, Reiner Neumann
Fettnapf-Slalom für Manager
In 30 Tagen sicher ans Ziel
200 Seiten. Hardcover mit
Schutzumschlag.
17,90 € (D)*, 31,70 CHF
ISBN 978-3-89981-129-2

Günther Würtele Hg.
Machtworte
Wirtschaftslenker und Staatsmänner
stellen sich den Fragen der Zukunft
252 Seiten. Hardcover mit
Schutzumschlag.
24,90 € (D)*, 44,00 CHF
ISBN 978-3-89981-127-8

Alexander Freiherr von Fircks
Business-Etikette
So bewegen Sie sich sicher auf
jedem Parkett
186 Seiten. Hardcover mit
Schutzumschlag.
24,90 € (D)*, 44,00 CHF
ISBN 978-3-89981-178-0

Rainer Wälde
Understatement
Der Stil des Erfolgs
200 Seiten. Hardcover mit
Schutzumschlag.
24,90 € (D)*, 44,00 CHF
ISBN 978-3-89981-174-2

Wolfgang Koch,
Jürgen Wegmann
Tugend lohnt sich
232 Seiten. Hardcover mit
Schutzumschlag.
17,90 € (D)*, 31,70 CHF
ISBN 978-3-89981-138-4

Benno Heussen
**Machiavelli für
Streithammel**
Lernen Sie die Regeln der Macht
kennen
192 Seiten. Hardcover mit
Schutzumschlag.
17,50 € (D)*, 31,20 CHF
ISBN 978-3-89981-049-3

Jürgen Fuchs
**Das Märchenbuch
für Manager**
Gute-Nacht-Geschichten für
Leitende und Leidende
256 Seiten. 7. Aufl. Hardcover mit
Schutzumschlag.
19,90 € (D)*, 35,10 CHF
ISBN 978-3-89981-107-0

zzgl. ca. 3,– € Versandkosten bei Einzelversand im Inland. Sämtliche Titel auch im Buchhandel erhältlich.

Frankfurter Allgemeine Buch

Die Comic-Serie der F.A.Z. – jetzt im Jahresband!

Volker Reiche

STRIZZ

Das fünfte Jahr

2007. 308 Seiten. Hardcover.
19,90 € (D)*, 35,10 CHF
ISBN 978-3-89981-130-8

Volker Reiche

STRIZZ

Das sechste Jahr

2008. 296 Seiten. Hardcover.
19,90 € (D)*, 35,10 CHF
ISBN 978-3-89981-167-4

Volker Reiche

STRIZZ

Das siebte Jahr

2009. 288 Seiten. Hardcover.
19,90 € (D)*, 35,10 CHF
ISBN 978-3-89981-190-2

* zzgl. ca. 3,– € Versandkosten bei Einzelversand im Inland. Sämtliche Titel auch im Buchhandel erhältlich.

Frankfurter Allgemeine Buch